EUL VERLAG

MARKETING UND KOOPERATIONEN

Herausgegeben von Noshokaty, Döring & Thun, Berlin

Band 1
Angela Hund-Göschel
Music Sponsorship at a Turning Point
Lohmar – Köln 2009 • 84 S. • € 37,- (D) • ISBN 978-3-89936-826-0

Band 2
Nadja Grabenströer
Web 2.0-Potenziale im strategischen Marketing
Lohmar – Köln 2009 • 108 S. • € 38,- (D) • ISBN 978-3-89936-830-7

JOSEF EUL VERLAG

Reihe: Marketing und Kooperationen · Band 2

Herausgegeben von Noshokaty, Döring & Thun, Berlin

Nadja Grabenströer

Web 2.0-Potenziale im strategischen Marketing

Mit einem Geleitwort von Isabel von Kap-herr

EUL VERLAG

Bibliografische Information der Deutschen Nationalbibliothek

Die Deutsche Nationalbibliothek verzeichnet diese Publikation in der Deutschen Nationalbibliografie; detaillierte bibliografische Daten sind im Internet über <http://dnb.d-nb.de> abrufbar.

ISBN 978-3-89936-830-7
1. Auflage August 2009

JOSEF EUL VERLAG GmbH
Brandsberg 6
53797 Lohmar
Tel.: 0 22 05 / 90 10 6-6
Fax: 0 22 05 / 90 10 6-88
E-Mail: info@eul-verlag.de
http://www.eul-verlag.de

Bei der Herstellung unserer Bücher möchten wir die Umwelt schonen. Dieses Buch ist daher auf säurefreiem, 100% chlorfrei gebleichtem, alterungsbeständigem Papier nach DIN 6738 gedruckt.

Geleitwort des Herausgebers

Das Thema Web 2.0 ist zwar noch relativ neu, bereits heute aber aus der Marketingpraxis nicht mehr wegzudenken. Fast täglich entstehen neue Online-Plattformen, welche durch ihr schnelles Wachstum beeindrucken. Flickr, Twitter, Xing, YouTube und Facebook sind nur einige der spannenden Phänomene, die unser Medienverhalten nachhaltig beeinflusst haben. Für Unternehmen bieten sich hier völlig neue Möglichkeiten und daher beschäftigen sich viele Marketingverantwortliche mit der Fragestellung, wie sie das Web 2.0 im Rahmen ihrer Marketingaktivitäten einsetzen können. „Dabei sein ist alles" scheint das Motto vieler Werbetreibender.

Als große Chance proklamiert, haben es allerdings nur wenige Unternehmen bisher geschafft, die eigene Marke wirklich nachhaltig im neuen Medienumfeld zu positionieren und durch Mehrwerte eine Wertsteigerung der Marke in der relevanten Zielgruppe zu erreichen. Gründe für das Scheitern vieler Unternehmen im Web 2.0 sind das schier unüberschaubare Angebot an Web 2.0 Plattformen, die meist fehlende Kenntnis über relevante Nutzungsmöglichkeiten der Plattformen für das Marketing und die nicht konsequente Abstimmung mit den Unternehmenszielen bei der Umsetzung.

Die Forschung bietet mittlerweile zahlreiche Ansatzpunkte zum effektiven und effizienten Umgang mit dem Thema Web 2.0. Häufig beschäftigen sich die wissenschaftlichen Arbeiten mit der Systematisierung von technologischen Erscheinungsformen und den Anwendungsmöglichkeiten durch den sog. „User-generated content" – das sind die für das Web 2.0 typischen Inhalte, die von den Usern selber erstellt werden und so die Interaktion der Nutzer untereinander fördern.

Die vorliegende Arbeit geht einen Schritt weiter und betrachtet, welche konkreten Chancen und Risiken das Web 2.0 für das Marketing von Unternehmen birgt. Die Autorin beschreibt anhand zahlreicher Praxisbeispiele, wie das Web 2.0 für verschiedene Marketingherausforderungen genutzt werden kann und welche Aspekte berücksichtigt werden sollten, um einen nachhaltigen Einfluss auf die Marketingperformance zu erreichen. Zunächst analysiert die Autorin, welche Änderungen soziologische, ökonomische und technologische Trends auf das Konsumentenverhalten haben und welche Web 2.0-Plattformen und Services sich am Besten für das Marketing eignen. Auf Basis genereller Marketingherausforderungen werden anschließend konkrete Erkenntnisse für das Marketing im Web 2.0 vorgestellt.

Ergebnis der Arbeit ist ein Entscheidungsleitfaden für Unternehmen zur Identifikation und Nutzung von Marketingmöglichkeiten im Web 2.0. Die verschiedenen Web 2.0 Anwendungen werden dafür auf ihre Eignung für verschiedene Branchen untersucht, um Besonderheiten bei der Umsetzung berücksichtigen zu können. Damit gelingt es der Autorin. einen praxisnahen Beitrag zum Umgang mit Web 2.0 für das Marketing und gleichzeitig klare Handlungsempfehlungen für die Umsetzung im eigenen Unternehmen zu liefern.

Berlin, August 2009

Isabel von Kap-herr
Noshokaty, Döring & Thun

Danksagung

Die vorliegende Arbeit entstand im Rahmen meines BWL-Studiums an der Johannes Gutenberg-Universität in Mainz. Ich möchte mich bei meinem Professor Oliver Heil und bei Mark Elsner für ihre Betreuung und Unterstützung bedanken.

Weiterhin gilt mein besonderer Dank Simon Thun und Isabel von Kap-herr, von Noshokaty, Döring & Thun, die mich während der Anfertigung meiner Arbeit durch zahlreiche Diskussionen und Anregungen unterstützt und diese Publikation im Rahmen ihrer Schriftenreihe erst möglich gemacht haben.

Nicht zuletzt hätte diese Arbeit nicht ohne die Unterstützung meiner Eltern Elisabeth und Michael und meiner Schwester Anna entstehen können. Danke für Euren immerwährenden liebevollen Beistand bei allem, was ich tue.

Hamburg, August 2009 Nadja Grabenströer

Inhaltsverzeichnis

Abbildungsverzeichnis

Tabellenverzeichnis

Abkürzungsverzeichnis

A&E	Arts and Entertainment
ABC	American Broadcasting Company
AJAX	Asynchronous JavaScript and XML
AOL	America Online
API	Application Programming Interface
BMWi	Bundesministerium für Wirtschaft und Technologie
CBS	Columbia Broadcasting System
CEO	Chief Executive Officer
CK	Calvin Klein
DSL	Digital Subscriber Line
EDGE	Enhanced Data Rates for GSM Evolution
EDV	Elektronische Datenverarbeitung
EU	Europäische Union
GM	General Motors
GPRS	General Packet Radio System
GSM	Global System for Mobile Communications
HTML	Hypertext Markup Language
HTTP	Hypertext Transfer Protocol
in2u	into you
IP	Internet Protocol
IT	Informationstechnik
KBit/s	Kilobit pro Sekunde
meinVZ	Meinverzeichnis
LDD	Lego Digital Designer
MIT	Massachusetts Institute of Technology
OpenBC	Open Business Club
PR	Public Relation
PSP	PlayStation Portable
RSS	Real Simple Syndication oder Rich Site Summary
schülerVZ	Schülerverzeichnis

studiVZ	Studiverzeichnis
SUV	Sports Utility Vehicle
TV	Television
UGC	User Generated Content
UMTS	Universal Mobile Telecommunications System
URL	Uniform Resource Locator
VS	Victoria's Secret
VW	Volkswagen
WLAN	Wireless Local Area Network
XML	Extensible Markup Language

1. Einleitung

Web 2.0 – kaum ein Begriff hat in den letzten Jahren derart stark an Beachtung gewonnen. Der Ausdruck wird vermehrt in den Medien genutzt und im Rahmen seiner gesellschaftlichen und wirtschaftlichen Aspekte diskutiert. Die Angebote, die dem Web 2.0 zuzuordnen sind, werden von Internetnutzern intensiv verwendet (Nielsen//NetRatings 2007, o.S.; TNS Infratest 2007, S. 1 f.). Dennoch ist die genaue Bedeutung des Begriffs nur wenigen vertraut, lediglich jeder Zehnte in Deutschland kennt sie (Sander 2007, o.S.). Grundsätzlich bezeichnet Web 2.0 die Tatsache, dass der Nutzer aktiv in die Internetangebote eingebunden wird und zum Inhalt einer Webseite beitragen kann. Damit gewinnt der Nutzer derart an Bedeutung, dass er vom Time Magazine 2006 zur „Person des Jahres" gekürt wurde (Grossman 2006, o.S.).

Der Begriff Web 2.0 existiert schon seit 2004, war jedoch zunächst nur in Fachkreisen bekannt. In den folgenden Jahren wurde er auch der breiteren Masse vertraut, als Webseiten wie YouTube, Facebook und MySpace an Popularität gewannen. In Deutschland entstanden nach und nach Seiten, die die US-amerikanischen Vorbilder imitierten, wie das Studiverzeichnis (studiVZ) oder MyVideo. Verstärkt wurde die Diskussion um Web 2.0, als eine regelrechte Übernahmewelle von Web 2.0-Unternehmen durch etablierte Internet- oder Medien-Unternehmen wie Yahoo, Google, News Corporation und Holtzbrink stattfand. Die Öffentlichkeit vermutete unter Web 2.0 deshalb oftmals lediglich ein Marketing Buzzword (O'Reilly 2005, o.S.) oder gar eine neue Internetblase (o.V. 2005, S. 73 f.), nicht aber ein grundlegendes Umdenken im Cyberspace.

Die Unklarheit über die Begriffsdefinition und die Unsicherheit über die Bedeutung und den Einfluss von Web 2.0 insbesondere für Unternehmen erfordern Handlungsbedarf. So gibt es Unternehmen, die diesen Trend unter keinen Umständen verpassen wollen, sich aber nicht ausreichend Gedanken über einen effizienten und effektiven Einsatz der neuen Möglichkeiten machen. Andere wiederum verpassen die Gelegenheit und wissen nicht, wie sie auf Strömungen im Internet reagieren sollen, die ihre eigenen Marken oder Produkte betreffen.

Die folgenden Ausführungen sollen für derartige Unternehmen eine Möglichkeit der Entscheidungsfindung aufzeigen und darstellen wie sie das Web 2.0 möglichst sinnvoll für das eigene Marketing einsetzen können. Hierzu wird zunächst der Begriff Web 2.0

genauer erläutert und gezeigt, inwiefern sich die Anwendung von Web 2.0 als logische Konsequenz aus Veränderungen im Konsumentenverhalten und technischen Neuerungen ergibt. Das zweite Kapitel schließt mit einer Vorstellung der Web 2.0-Plattformen und -Services ab, für die jeweils die populärsten Anbieter genannt werden. Kapitel drei diskutiert die Bedeutung von Web 2.0 für Unternehmen und zeigt die Chancen und Risiken des Web 2.0 bezüglich der Marketingherausforderungen eines Unternehmens auf. Im abschließenden Kapitel werden durch einen Entscheidungsleitfaden für Unternehmen konkrete Handlungsanweisungen geboten.

2. Web 2.0: Verändertes Konsumentenverhalten trifft auf technische Möglichkeiten

2.1 Der Begriff Web 2.0

Der Begriff Web 2.0 lässt sich auf O'Reilly Media zurückführen. Dale Dougherty und Tim O'Reilly, der als „Guru des neuen Internet-Booms" bezeichnet wird (Stöcker 2007, S. 28), entwickelten diesen Begriff im Jahre 2004. Sie erkannten eine neue, nutzerfreundliche Strömung im Internet, die sich von jenen Internetunternehmen unterschied, die während der Dot-Com-Krise versagt hatten. Diese Unternehmen fanden Werbeeinnahmen bedeutender als Nutzerzufriedenheit und vermischten originäre Inhalte mit Werbung. Dies hatte zur Folge, dass weder ein Informationsgehalt noch ein Mehrwert für die Nutzer geschaffen wurden (O'Reilly 2005, o.S.). Das wesentliche Merkmal der neueren Internetgeneration ist, dass Nutzer aktiv eingebunden werden und damit eine größere Einflussmöglichkeit und Bedeutung besitzen.

Der Zusatz „2.0" in Doughertys und O'Reillys Namensgebung ist aus der Softwareentwicklung entlehnt und bezeichnet eine grundlegende Änderung der ursprünglichen Version (Apple 2003, o.S.). Durch den Begriff wird impliziert, dass im Internet eine wesentliche Umgestaltung stattgefunden hat. Web 2.0 stellt jedoch keine technologische Innovation dar, sondern bezeichnet eine bestimmte Verhaltensweise der Internetnutzer und Unternehmen, die durch einen direkten Dialog charakterisiert ist (Bender 2008, S. 176).

Das Konzept des Web 2.0 unterliegt keinen rigiden Definitionen, vielmehr wird es durch eine Reihe von Prinzipien und Praktiken abgegrenzt. Es basiert hauptsächlich auf der Rolle des Nutzers als Mitentwickler, der kollektiven Intelligenz der Netzgemeinschaft und der immerwährenden Beta-Version[1], die ständig verbessert werden soll. Durch verschiedene technische Spezifikationen soll eine übersichtliche und intuitive Bedienung von Webangeboten durch den Nutzer ermöglicht werden, die unabhängig vom Endgerät ist (O'Reilly 2005, o.S.). Der Fokus von Web 2.0 liegt demnach auf der Zusammenarbeit und der Interaktion von Nutzern, die durch bestimmte Anwendungen erleichtert werden soll. Diese Zusammenarbeit stiftet einen Zusatznutzen, stellt aber

[1] Eine Beta-Version ist eine Software in der Endphase ihrer Entwicklung, die an ein ausgewähltes Publikum für Tests weitergegeben wird (Dictionary of Computing 2004).

gleichzeitig eine veränderte Einflusssituation dar, in der „der Einzelne zum Machtfaktor“ wird (Hornig 2007, o.S.). Web 2.0 und seine Plattformen leben von der Gemeinschaft und der aktiven Teilnahme des Einzelnen und werden so zu einem wachsenden, allgemein zugänglichen Medium (Tapscott und Williams 2006, S. 19).

Web 2.0 bedeutet keine zeitliche Abgrenzung von Unternehmen aus den Anfängen des Internets zu neueren Online-Unternehmen. Vielmehr gibt es Unternehmen der ersten Internetgeneration, wie z.B. Google oder Amazon, die den Prinzipien des Web 2.0 entsprechen (O'Reilly 2005, o.S.) und eine Vorreiterrolle eingenommen haben, da sie sich früh als erfolgreiche Geschäftsmodelle durchsetzten. Dennoch wurde die Begriffsfindung von Dougherty und O'Reilly oft dafür kritisiert, dass die Grundsätze des Konzepts keine wesentliche Neuerung darstellten (Berners-Lee 2006, o.S.). Im Folgenden soll Web 2.0 als Form des Verhaltens sowohl von Seiten der Unternehmen als auch von Seiten der Nutzer verstanden werden, welches durch eine erhöhte Partizipation der Nutzer und einen wechselseitigen Dialog charakterisiert wird. Web 2.0-Plattformen und -Services zeichnen sich demnach dadurch aus, dass sie in hohem Maße von nutzergenerierten Inhalten abhängen und diese fördern. Da der Fokus dieses Buches auf dem Marketing liegt, soll weder auf technische Kriterien noch auf die Möglichkeit der Web 2.0-Nutzung für interne Unternehmensbereiche eingegangen werden.

2.2 Trends mit Einfluss auf das Konsumentenverhalten

Das Konsumentenverhalten wird von verschiedenen Faktoren beeinflusst, die sich in die Kategorien soziologische, ökonomische und technologische Trends einteilen lassen. Einzelnen Faktoren innerhalb und zwischen den Kategorien können jedoch Interdependenzen aufweisen. Im Folgenden werden jene Trends betrachtet, die im Kontext des Web 2.0 Konsumenten und insbesondere deren Bereitschaft zum Erstellen nutzergenerierter Inhalte beeinflussen.

2.2.1 Soziologische Trends

Die soziologischen Trends zeigen, welche gesellschaftlichen Entwicklungen das Verhalten der Konsumenten im Kontext von Web 2.0 beeinflussen. Hierbei spielen besonders das Onlineverhalten, Nutzungsmuster und Motivation eine große Rolle. Während Anfang der 1990er Jahre das Internet hauptsächlich von technisch versierten Menschen genutzt wurde, so ist dieses Medium heute der breiten Masse zugänglich. In Deutschland nutzten 2007 62,7% der Bevölkerung das Internet, ein Zuwachs, der vor allem durch die Nutzergruppen der Frauen und der über 50-Jährigen vorangetrieben wurde. Die Gruppe der über 60-Jährigen birgt nach Schätzungen noch weitere Wachstumspotenziale (Van Eimeren und Frees 2007, S. 363 f.). Ende des Jahres 2007 verbrachte ein Nutzer monatlich durchschnittlich 36,5 Stunden online und besuchte im Schnitt 82 Domains (Nielsen//NetRatings 2008a, o.S.).

Bei der Internetnutzung lassen sich „zielgruppenspezifische Nutzungsmuster" erkennen. So sind die unter 30-Jährigen tendenziell neugieriger sowie offener für neue Technologien und nutzen die gesamte Bandbreite der Online-Angebote, während die über 60-Jährigen sich eher verhaltener zeigen (Van Eimeren und Frees 2007, S. 365). Auch geschlechterspezifische Unterschiede lassen sich nachweisen: Männer sind eher geneigt Dateien herunterzuladen sowie multimediale Anwendungen und Computerspiele zu nutzen; Frauen hingegen sind hierbei in allen Altersklassen zurückhaltender, was Van Eimeren und Frees auf die Inhalte der multimedialen Angebote zurückführen (2007, S. 365).

Als Gründe für die Internetnutzung stehen Unterhaltung und Information im Vordergrund. Bei den unter 30-Jährigen kommen die Faktoren Entspannung, Zurechtfinden im Alltag, Gewohnheit und „Mitreden können" hinzu (Van Eimeren und Frees 2007, S. 367 f.). So ist es für bestimmte Zielgruppen unabdinglich, regelmäßig über die neuesten Veränderungen und Trends im Internet informiert zu sein.

Auf gesellschaftlicher Ebene fungiert das Internet nicht nur als Ort der Unterhaltung und der sozialen Interaktion, sondern auch als Ort der Selbstdarstellung (Hornig 2007, o.S.). Die Inszenierung der eigenen Person im Internet hat an Bedeutung gewonnen, ob auf persönlichen Homepages oder in Online Communities und die Nutzer neigen heutzutage dazu, ihr Leben online offen zu legen (Cassidy 2006, S. 5). Besonders das Verlangen nach Kommunikation, nach persönlicher Entfaltung und nach Aufmerksamkeit begründet den Hang zur Selbstdarstellung (Schau und Gilly 2003, S. 391 f.). Denn diese Selbstdarstellung ermöglicht es, der Anonymität des Internets zu entfliehen (Hummel 2005, S. 129). Datenschutzbedenken haben die Akteure häufig keine. Die Hauptmotivationen für Nutzer, Inhalte online zu erstellen, sind hauptsächlich Spaß, das Festhalten persönlicher Inhalte und der Wunsch nach Kontakt bzw. Interaktion; extrinsische Anreize spielen lediglich eine untergeordnete Rolle (Stöckl, Rohrmeier und Hess 2008, S. 283).

Die soziologischen Faktoren sind essentiell für den Erfolg des Web 2.0, da die Plattformen und Services nur dann einen wirksamen und wichtigen Mehrwert für Konsumenten und Unternehmen bieten, wenn seitens der Konsumenten ein Hang zur Selbstdarstellung, zum Erstellen von Inhalten und zur freiwilligen Bereitstellung persönlicher Daten besteht. Deshalb ist es wichtig, die Motivationen für dieses Verhalten zu verstehen. Durch die Verbreitung und die Akzeptanz des Internets in der Gesellschaft können potenziell mehr Konsumenten durch Web 2.0-Maßnahmen angesprochen und erreicht werden und diese sind eher bereit, sich aktiv an derartigen Seiten zu beteiligen.

2.2.2 Ökonomische Trends

Zu den ökonomischen Trends zählen Einflüsse, die vom wirtschaftlichen Umfeld ausgehend auf den Konsumenten wirken. Konsumenten sind täglich tausenden Werbebotschaften ausgesetzt und nehmen diese kaum noch war. Zugleich bekommen Marken einen immer größeren Stellenwert in ihrem Leben und das Konsumentenverhalten ist gegenwärtig durch ein Streben nach Individualität charakterisiert (Rösger, Herrmann und Heitmann 2007, S. 102).

Konsumenten leiden heutzutage unter Informationsüberflutung. Sie sind einer Masse von verfügbaren Informationen ausgesetzt, von der nur ein Bruchteil für sie relevant ist und genutzt wird (Kroeber-Riel und Weinberg 2003, S. 643). Besonders vielfältig ist die Menge der Werbebotschaften („Advertising Clutter"), welche in der hohen Anzahl konkurrierender Marken, die alle um die gleiche Kaufkraft buhlen, begründet liegt (Nandan 2005, S. 268). Konsumenten blenden überflüssige Werbebotschaften aus und so wird Werbung vermehrt zum Hintergrundgeräusch, das von den Konsumenten ignoriert wird (Rumbo 2002, S. 128; Smith 2007, S. 72).

Zu viele Werbebotschaften können den Konsumenten in die kognitive Defensive drängen und zu der Entwicklung einer tiefen Abneigung führen (Rumbo 2002, S. 128). Diese Werberesistenz bauen Nutzer insbesondere auch im Internet auf, da die Werbebotschaften sie an der schnellen Informationsfindung hindern (Cho und Cheon 2004, S. 93 f.). Programme wie Pop-Up- oder Werbeblocker ermöglichen es dem Nutzer, klassischen Online-Werbeformaten wie Bannern oder Anzeigen zu entgehen (Cohen 2007, o.S.). Um Aufmerksamkeit zu generieren, müssen Unternehmen sich also gegenüber der Masse absetzen und Konsumenten aktiv einbinden, so dass diese die Kommunikation nicht als Behinderung empfinden.

Konsumenten sind nicht nur zunehmend kritischer in Bezug auf Werbebotschaften, sondern auch in Bezug auf die Produkte selbst. Durch transparente Informationen über Produkte und Anbieter im Internet wird die Käufermacht gestärkt (Porter 2001, S. 66). Konsumenten schreiben Kritiken und Rezensionen, die online veröffentlicht werden und so eine wichtige Informationsquelle für andere Konsumenten darstellen (Chevalier und Mayzlin 2006, S. 345). Nutzer bekommen daher die benötigten Informationen vermehrt von anderen Nutzern und nicht direkt von den Unternehmen (Bernoff und Li 2008, o.S.). Persönliche Erfahrungen und Berichte sind heutzutage global die glaubwürdigste Quelle; in Deutschland vertrauen 70% einer persönlichen Empfehlung (AC Nielsen 2007, S. 2). Mundpropaganda als wichtigste Form der menschlichen Kommunikation wirkt besser als teure Kampagnen (Gladwell 2002, S. 32). Daraus folgt, dass Unternehmen sich der Kritik der Konsumenten stellen und auf diese eingehen müssen, um von der Mundpropaganda zu profitieren und um weiterhin ihre Produkte absetzen zu können.

Marken haben steigende Bedeutung im Leben der Konsumenten. Heutzutage erfüllt kaum ein Produkt mehr allein funktionale Bedürfnisse, vielmehr schafft die Marke einen Zusatznutzen und dient der persönlichen Inszenierung (von Loewenfeld 2006, S. 10). Konsum ist zu einem Mittel der Selbstdarstellung geworden und Marken dienen vermehrt als Ausdruck der Persönlichkeit, aber auch der gefühlten Zugehörigkeit zu einer Markengemeinschaft und schaffen damit Identifikationsmöglichkeiten (Rösger, Herrmann und Heitmann 2007, S. 102 f.). Auch Internetnutzer bauen mittels Marken und Logos eine individuelle Persönlichkeit auf und kommunizieren diese (Schau und Gilly 2003, S. 399 f.).

Zusätzlich hat sich der Trend vom Mainstream zu einer fortschreitenden Individualisierung auf Konsumentenebene gewendet (Hansen und Bode 1999, S. 197 ff.). Das Internet schafft einen nahezu unbegrenzten Zugang zu Inhalten und Nischenprodukten, die so im traditionellen Handel nicht verfügbar wären (Anderson 2006, S. 3 ff.). Das Konzept des „Long Tail" besagt, dass ein großer Teil des Umsatzes mit Nischenprodukte gemacht wird, die erst in der Summe den Umsätzen mit Hit-Produkten entsprechen.

Dieses Phänomen wird hauptsächlich durch das Internet begünstigt, weil Online-Händler ein breites Angebot verschiedener Produkte offerieren können, ohne dass entsprechenden Lagerkosten anfallen (Anderson 2006, S. 21 ff.). Da der Geschmack der Konsumenten sehr diversifiziert ist, bekommen sie durch eine große Auswahl einen Mehrwert (Brynjolfsson, Hu und Smith 2006, S. 71).

2.2.3 Technische Trends

Auf technischer Seite haben besonders die Entwicklungen im Internet Einfluss auf das Konsumentenverhalten. In den letzten Jahren hat das Internet in Deutschland an Bedeutung gewonnen. Die Integration des Internets in den Tagesablauf, die technische Weiterentwicklung, schnellere Verbindungen und einfache Zugangsmöglichkeiten beeinflussen sich gegenseitig. So haben inzwischen 59% der Onlinenutzer in Deutschland einen Breitband- bzw. DSL-Anschluss, durch den datenintensive Angebote erst ermöglicht werden (Van Eimeren und Frees 2007, S. 374). Der steigende Nutzungsgrad von Breitbandverbindungen hängt mit der weitreichenden Verbreitung dieser Technologie aber auch mit den sinkenden Verbraucherpreisen zusammen (Schwab 2007, S. 7). Breitband kann als einer der entscheidenden Faktoren für die Entwicklung des Internets gesehen werden. Während Ansätze der Web 2.0-Charakteristika bereits bei einigen älteren Internetangeboten zu Tage traten, führte erst die Verbreitung von Breitbandanschlüssen zu einer kritischen Masse von Nutzern, welche die Qualität der Web 2.0-Anwendungen steigerte (Evans 2007, S. 2).

Parallel zu verbesserten und schnelleren Zugangsmöglichkeiten haben sich auch die Internetangebote konsumentenfreundlicher entwickelt. Durch schlankere Programmiersprachen und veränderte Konzepte wird eine komfortablere Nutzung entsprechender Webseiten ermöglicht. In Bezug auf Web 2.0 sind hier insbesondere RSS, Ajax und APIs zu nennen[2]. RSS[3] erlaubt Nutzern, Webseiten zu abonnieren und über jede Änderung informiert zu werden, ohne die Website laden zu müssen (RSS-Verzeichnis 2008, o.S.). Diese Technologie wird besonders im Bereich von Blogs und Podcasts eingesetzt.

---

2 Für technische Erläuterungen s. u.a. Gebhardt 2007 und Bray 2007.

3 Der Begriff lässt sich auf Dave Winers „Really Simple Syndication"-Technologie zurückführen, die genutzt wurde, um über Blog-Updates zu informieren, aber auch auf Netscapes „Rich Site Summary"-Technologie, durch die Nutzer individuelle Homepages mit sich kontinuierlich erneuernden Datenströmen aufbauen konnten (O'Reilly 2005, o.S.)

Ajax[4] ermöglicht den Übergang von statischen zu dynamischen Webseiten. was zahlreiche Vorteile bietet (Garrett 2005, o.S.). Neben einer erhöhten Geschwindigkeit ist auch das Interaktionspotenzial höher als bei klassischen Web-Anwendungen. Dem Nutzer können Internetanwendungen angeboten werden, die ähnlich intuitiv wie Desktop-Anwendungen sind (Gebhardt 2007, S. 137). Ajax ermöglicht auch, dass Nutzer ohne viele Vorkenntnisse eigene Webinhalte zusammenstellen und publizieren können.

Application Programming Interface (API), also die offene Benutzerschnittstelle, ist insbesondere durch die Form der Mashups[5] im Web 2.0 von Bedeutung. Hiermit bezeichnet man eine Technologie, die den Austausch von Daten oder Informationen zwischen zwei Programmen oder Plattformen erleichtert. Ein API kann für jedes Programm und jede Plattform entwickelt oder gekauft werden (Bray 2007, o.S.).

2.3 Web 2.0-Plattformen und -Services

Web 2.0 lebt von der Bereitschaft der Nutzer, sich mit eigenen Inhalten an Plattformen zu beteiligen, denn nur durch eine breite Nutzerbasis steigt die Qualität der angebotenen Inhalte (Brynjolfsson, Hu und Smith 2006, S. 71; Candelon und Arie 2007, o.S.). Das veränderte Nutzerverhalten einhergehend mit einfachen und kostengünstigen Technologien und der wachsenden Bedeutung des Internets hat die Popularität von Web 2.0-Plattformen und -Services erst ermöglicht.

Per Definition lassen sich Webseiten und Internetservices dem Web 2.0 zuordnen, wenn sie den Nutzer aktiv einbinden und von nutzergenerierten Inhalten profitieren[6]. Im Web 2.0 wird eine Vielfalt an Gütern und Services geschaffen, die jedem Nutzer zugänglich ist (Tapscott und Williams 2006, S. 12). Konsumenten fungieren hier vorwiegend als Prosumenten, d.h. sie sind Produzenten und Konsumenten zugleich (Kotler 1986, S. 510). Trotz ihrer grundlegenden Gemeinsamkeiten lassen sich Web 2.0-Plattformen und -Services in unterschiedliche Kategorien einteilen. Im Folgenden wird eine Übersicht über die wichtigsten Kategorien und die bekanntesten Anwendungen gegeben.

---

4 Der Begriff Ajax wurde von Jesse James Garrett geprägt (Gebhardt 2007, S. 121) und bezeichnet die Zusammenführung mehrerer existierender Technologien (Garrett 2005, o.S.).

5 Mashups bezeichnen die Verbindung einer oder mehrerer Web-Anwendungen mit Inhalten einer Webseite (s. auch Kapitel 2.3.8).

6 S. hierzu auch Kapitel 2.1.

2.3.1 Weblogs

Weblogs, auch Blogs genannt, sind Webseiten, auf denen ein Autor in tagebuchartiger Form über Inhalte berichtet. Ihre Besonderheit liegt in den häufigen Aktualisierungen und den interaktiven Möglichkeiten, die den Austausch zwischen Autor und Leser insbesondere durch Kommentarfunktionen ermöglichen (Schmidt 2006, S. 21). Blogs stellen nicht nur ein neues Medium dar, sondern auch eine Art Inhalte zu gestalten. Die ersten Blogs wurden auf den Prinzipien der Authentizität, Ehrlichkeit und fachlichen Autorität gebaut. Auch heute wird erwartet, dass sie diesen Grundsätzen entsprechen (Wright 2006, S. 3 f.).

Der Begriff Weblog wurde 1997 von Jorn Barger geprägt (o.V. 2006, o.S.; Barger 1999, o.S.). Peter Merholz machte später daraus das Wortspiel „we blog". Damit waren der Kurzbegriff „Blog" und das Verb „bloggen" geboren (o.V. 2006, o.S.; Merholz 2002, o.S.). Während das Bloggen zunächst eine Tätigkeit war, die nur von wenigen Leuten ausgeübt wurde, rückten mit der US-Präsidentenwahl im Jahre 2004 Blogs in einen öffentlichen Fokus (Wright 2006, S. 11 f.).

Blogs können nach Autoren und Art ihrer Inhalte in verschiedene Kategorien unterteilt werden, z.B. in private, journalistische, politische, Non-Profit-, Corporate-, Mitabeiter-, Projektmanagement-, PR- oder Marketing-Blogs (Fischer 2006, S. 176 ff.). Neben reinen Textbeiträgen können Blogs auch multimediale Inhalte umfassen (Schmidt 2006, S. 21). Deshalb bietet sich eine weitere Unterteilung nach ihrer Erscheinungsform an. So können Foto- und Audioblogs von Vlogs, also Blogs, die als Videos publiziert werden und MoBlogs, also Blogs, die von einem mobilen Endgerät veröffentlicht werden, unterschieden werden (Fischer 2006, S. 176 ff.; Kushner 2006, o.S.; BBC 2007, o.S.).

Die Gemeinschaft aller Blogger wird als Blogosphäre bezeichnet. Hierin liegt auch die besondere Bedeutung des Mediums. Durch die Teilnahme von Millionen Bloggern, die regelmäßig ihre Gedanken, Meinungen, Erlebnisse und Informationen weitergeben, hat sich eine weltweit vernetzte Plattform gebildet (Wright 2006, S.3). Mit Hilfe von Technologien, bspw. RSS, Permalinks[7] und Trackbacks[8], können Blogs nicht nur abonniert

---

[7] Permalinks geben jedem Blogbeitrag einen individuellen URL, über den man auf diesen Beitrag zurückgreifen kann (Blood 2004, S. 54).

und die Nutzer direkt über Neuigkeiten informiert werden, vielmehr können auch Verbindungen zwischen den einzelnen Weblogs und Gesprächsbeiträgen erstellt werden (O'Reilly 2005, o.S.). Die Bedeutung der Blogosphäre besteht in eben dieser Vernetzung untereinander. Der Erfolg eines Blogs wird meist an seinen Kommentaren und der Anzahl von Trackbacks, die er aufweisen kann, gemessen. Wenn die Inhalte andere Nutzer dazu anregen, sich aktiv und konstruktiv mit der Thematik auseinanderzusetzen, wird ein Mehrwert für den Blog geschaffen (Beck 2007, S. 13).

Für Nutzer, die keine eigene Webseite unterhalten wollen oder keine Programmierkenntnisse besitzen, gibt es im Internet Möglichkeiten, sich kostenlos und in wenigen Schritten einen Blog aufzubauen. Populäre Anbieter sind u.a. Blogger (blogger.com), Wordpress (wordpress.org) oder Movable Type (movabletype.org). Blogs und ihre einzelnen Beiträge sind über konventionelle Suchmaschinen wie z.B. Google oder Yahoo zu finden. Darüber hinaus gibt es aber auch spezielle Blogsuchmaschinen. Die wohl bekannteste von ihnen ist Technorati (technorati.com), die viele Zusatzfunktionen bietet. Aber auch Bloglines (bloglines.com), die Google Blogsearch (blogsearch.google.com) und Blogniscient (blogniscient.com) bieten ähnliche Möglichkeiten. Die populärsten Blogs im deutschen Raum kann man über die Deutschen Blogcharts einsehen; global eignet sich dafür die Suchmaschine Technorati. Die beliebtesten Blogs haben größtenteils technische oder tagesaktuelle Themen zum Inhalt (Deutsche Blogcharts 2008, o.S.; Technorati 2008a, o.S.).

2.3.2 Online Communities und Soziale Netzwerke

Eine Online Community ist der Zusammenschluss mehrerer Nutzer mittels Computernetzwerken, die miteinander in verschiedenen Bereichen interagieren (Williams und Cothrel 2000, S. 81). Soziale Netzwerkseiten sind webbasierte Services, die es Nutzern ermöglichen, ein Profil anzulegen, eine Liste mit Kontakten zu unterhalten und die Kontaktlisten anderer Nutzer einzusehen (Boyd und Ellison 2007, S. 211). Soziale Netzwerke können damit als Form einer Online Community gesehen werden und werden im Folgenden detaillierter besprochen.

[8] Trackbacks sind wechselseitige Links, die automatisch entstehen, wenn ein Blogger auf den Eintrag eines anderen Bloggers verweist. So kann der Autor des ursprünglichen Beitrags sehen, wer auf diesen verlinkt (Blood 2004, S. 55).

Der Ursprung der sozialen Netzwerkseiten liegt im amerikanischen Raum mit der inzwischen obsoleten Webseite sixdegrees.com (Boyd und Ellison 2007, S. 214). Im Jahr 2002 gab es dann erstmalig eine Seite, Friendster, die soziale Netzwerke in ihrer heutigen Form populär machte (Boyd 2008, S. 120). Die zuvor genannten Funktionen der sozialen Netzwerkseiten werden von den Anbietern oft um weitere Möglichkeiten erweitert, z.B. die Möglichkeit multimediale Inhalte zu veröffentlichen, die Individualisierung des Profils, Nachrichtendienste etc. (Boyd und Ellison 2007, S. 213).

Soziale Netzwerkseiten können für verschiedene Interessengruppen existieren, z.B. für regionale Gemeinschaften, Studenten oder Geschäftsleute (Boyd und Ellison 2007, S. 214). Manche Online-Netzwerke werden bewusst so angelegt, dass sie nur eine Nischengruppe befriedigen. So gibt es Netzwerke, die über ein so genanntes „invite only"-System verfügen, d.h. Nutzer können sich nur anmelden, wenn sie von bereits angemeldeten Nutzern eingeladen wurden, wodurch ein elitäres und exklusives Image etabliert wird (Boyd und Ellison 2007, S. 218). Soziale Netzwerkseiten haben über die Jahre an Bedeutung gewonnen und sind heute nicht nur für viele Jugendliche essentiell (Boyd 2008, S. 119). International, insbesondere im amerikanischen Raum, sind die Netzwerke Facebook und MySpace führend.

Facebook begann als exklusives Netzwerk, welches zunächst nur Harvard-Studenten und dann Studenten anderer Ivy League-Institutionen zugänglich war. Facebook wollte dadurch den Charakter eines intimen Netzwerkes wahren, in dem die Nutzer freiwillig persönliche und intime Angaben tätigen. Mit zunehmendem Erfolg öffnete sich das Netzwerk weiteren Universitäten und schließlich weiteren Zielgruppen (Facebook 2008a, o.S.; Cassidy 2006, S. 50). Die hauptsächlichen Funktionen von Facebook sind das Austauschen von Nachrichten, das Beitreten zu Interessengruppen und das Veröffentlichen von Fotos (Facebook 2008b, o.S.; Cassidy 2006, S. 50). Seit Mai 2007 gibt es auch eine Developer-Plattform, auf der Entwickler eigene Anwendungen, so genannte „Apps" oder „Widgets"[9], mittels Facebooks APIs erschaffen und diese den anderen Mitgliedern zur Verfügung stellen können (Facebook 2007a, o.S.).

Auf MySpace können Nutzer Onlinegemeinschaften aufbauen, Fotos und Blogs veröffentlichen sowie Informationen über sich angeben (MySpace 2008, o.S.). Im Gegensatz

[9] Widgets sind Online-Anwendungen, die in Webseiten integriert werden können (s. Kapitel 2.3.8).

zu Facebook hatte das Netzwerk keine ursprüngliche Zielgruppe. MySpace wurde insbesondere von Musikern, Bands, Filmen und Schauspielern genutzt und hierdurch bekannt. Die heutigen Nutzergruppen lassen sich in Musiker und Künstler, Teenager sowie die „post-college urban social crowd" einteilen (Boyd und Ellison 2007, S. 217). Auf MySpace können Nutzer ihre Seite relativ frei mittels HTML gestalten (Boyd und Ellison 2007, o.S.). Seit Februar 2008 gibt es eine Developer-Plattform, über die Entwickler mittels APIs Anwendungen und Widgets erstellen können (Abel 2008, o.S.). Der offene Charakter dieser Netzwerkseite ermöglicht es Nutzern in Rollen zu schlüpfen (Cassidy 2006, S.50).

Während Seiten wie Facebook und MySpace auch ein internationales Publikum anziehen, teilweise mit eigenen nationalen Seiten, haben sich in Deutschland unabhängige Netzwerke etabliert. Hier sind insbesonder das studiVZ und Xing (ehemals OpenBC) zu nennen. Das studiVZ gleicht Facebook vom Design und von den Funktionen her. Mitglieder können Gruppen gründen, diesen beitreten, Nachrichten senden und andere Mitglieder „gruscheln"[10] (Bay 2006, o.S.). Das studiVZ wurde später um die Plattformen Schülerverzeichnis (schülerVZ) und Meinverzeichnis (meinVZ) erweitert, um eine breitere Nutzerbasis anzusprechen (Studiverzeichnis 2007, o.S.; Studiverzeichnis 2008, o.S.).

Das soziale Netzwerk Xing nutzen Geschäftsleute zum Networking. Auf dieser Plattform stellen sich Nutzer hauptsächlich durch berufliche Informationen und Kenntnisse dar, knüpfen und pflegen Kontakte zu Kollegen, Kommilitonen und möglichen Geschäftspartnern. Auch hier gibt es die Möglichkeit, Interessengruppen beizutreten und dadurch schnell Experten zu bestimmten Themen zu finden (Xing 2008a, o.S.). 2006 ging Xing als erstes Web 2.0-Unternehmen an die Börse (Xing 2008a, o.S.).

2.3.3 Podcasts

Der Begriff Podcast, eine Mischung aus den Wörtern iPod[11] und „Broadcast", bezeichnet eine episodenartige Sendung, welche via Internet mittels RSS übermittelt wird und aus einer Kombination von Audio-, Video- und Textinhalten besteht (Apple 2008a,

[10] „Gruscheln" setzt sich aus den Wörtern grüßen und kuscheln zusammen. Im Facebook heißt eine vergleichbare Funktion „poke" (zu dt. anstupsen) (Bay 2006, o.S.).

[11] iPod ist der MP3-Player von Apple.

o.S.). Ein Podcast kann auch als Unterart der Blogs gesehen werden, dessen Inhalte über Audio und Video angeboten werden. Durch die zusätzlich möglichen Konsumarten haben Podcasts jedoch den Anspruch eines eigenständigen Mediums (Clement und Papies 2007, S. 337). Über einen Podcast können traditionelle Formate wie Radio- und Fernsehshows übermittelt werden, aber auch Vorlesungen, Vorführungen oder andere aufgenommenen Events (Apple 2008a, o.S.).

Als Akteure treten Produzenten, Intermediäre und Konsumenten auf (Clement und Papies 2007, S. 338). Für Produzenten fallen neben den Produktionskosten nur die Kosten der Datenübertragung an (Apple 2008a, o.S.). Intermediäre, wie z.B. der Apple iTunes Music Store, stellen die Verbindung zwischen Produzenten und Konsumenten her. Konsumenten können weltweit Programme herunterladen, diese abonnieren und entweder am heimischen Computer oder mit einem mobilen Gerät abspielen (Apple 2008a, o.S.). Durch die Abonnementfunktion kann der Konsument über jede neue Folge eines Podcasts informiert werden. Hierdurch bekommen Podcasts den „Charakter eines Push-Mediums“ (Clement und Papies 2007, S. 337).

Ähnlich wie Blogs können Podcasts anhand ihrer Inhalte sowie Autoren in verschiedene Kategorien unterteilt werden, z.B. in private, redaktionelle und Unternehmens-Podcasts (Clement und Papies 2007, S. 340 ff.). In den täglich aktualisierten iPod Charts des iTunes Music Store nehmen im US-amerikanischen Raum meist Podcasts von Radiostationen, Fernsehsendern und Zeitungen die Top-Positionen ein. Dominierend sind hierbei hauptsächlich die Kategorien „Comedy“ und „News & Politics“ (Apple 2008b, o.S.). Im Deutschen Raum ist das Bild vergleichbar (Apple 2008c, o.S.).

2.3.4 Virtuelle Welten und Online-Spiele

Die Definition des Begriffs virtuelle Welt ist weitläufig und umfasst verschiedene Typen von Webseiten. Ein grundlegendes Merkmal besteht in der dreidimensionalen graphischen Umwelt, durch die der Nutzer das Gefühl bekommt, in eine andere Welt einzutauchen. Häufig stellen Anwender sich selber durch einen Avatar, also einen virtuellen Charakter, dar. Durch die Entstehung verschiedener Web 2.0-Anwendungen, insbesondere der sozialen Netzwerke und Online Communities, ist eine klare Definition für virtuelle Welten schwer zu finden (Karlsson 2008, S. 15). Netzwerke haben gewissermaßen für die Mitglieder häufig den Charakter einer Ersatzwelt in der sie sich aufhalten.

Von einer virtuellen Welt soll deshalb im Folgenden gesprochen werden, wenn sich Nutzer durch eine virtuelle Figur, die der eigenen Person weder in Geschlecht, Aussehen noch Charakter entsprechen muss, darstellen, und wenn sie in einem Umfeld im Cyberspace agieren, das einer eigenen, abgeschlossenen Welt entspricht. Für die Online-Spiele muss die Definition noch durch den Spiel-Charakter, d.h. durch ein Regelwerk und Aufgaben, die erfüllt werden müssen, erweitert werden.

Second Life ist das bekannteste Beispiel im Web 2.0 für eine dreidimensionale, virtuelle Welt, die man mittels eines Avatars erforschen und in der man mit anderen Leuten interagieren kann. Wie in der realen Welt, können Bewohner sich auch hier mit anderen Leuten treffen, ausgehen, einkaufen, etc. Als Aktivitäten bietet Second Life verschiedene Veranstaltungen, Spiele oder Kontakte zu Interessengruppen an, mit denen Nutzer sich austauschen können. Mit dem Erwerb von Landparzellen können sie ein eigenes Geschäft oder eine eigene Firma aufbauen. Die Anmeldung ist kostenlos, jedoch müssen Bewohner für das Erwerben von Land oder bestimmten Gütern mit der Second Life eigenen Währung bezahlen. Diese bekommt man durch einen Umtausch von realem Geld (Linden Lab 2008a, o.S.).

World of Warcraft ist ein Online-Rollenspiel, bei dem Spieler mittels fantastischer Charaktere in einer virtuellen Welt Aufgaben lösen müssen (Blizzard Entertainment 2008, o.S.). World of Warcraft baut auf dem Erfolg der Computerspiel-Serie Warcraft auf. Zunächst müssen Nutzer das Spiel kaufen und installieren. Um es im Internet voll nutzen zu können, müssen Spieler ein monatliches Abonnement bezahlen (Blizzard Entertainment 2005, o.S.). Neben dem Spiel, kann der Spieler sich an einer Online Community beteiligen und an verschiedenen Events teilnehmen (World of Warcraft 2008a, o.S.). Erklärtes Ziel des Spiels ist es, die Kommunikation zwischen den Spielern zu fördern und das Knüpfen von Kontakten zu erleichtern. Dieses wird dadurch unterstützt, dass viele Quests nur in Zusammenarbeit mit anderen Spielern erfüllt werden können (World of Warcraft 2008b, o.S.). Durch das Sammeln von Erfahrungspunkten kann der Spieler auf die nächste Stufe aufsteigen und der Charakter erlernt neue Fertigkeiten (World of Warcraft 2008b, o.S.). Laut Möller sind es genau diese Stufensysteme, die den Suchtfaktor eines Rollenspiels ausmachen. Denn wer seinen Charakter über mehrere Level aufgebaut hat, der wird ungern aus dem Spiel aussteigen (Möller 2005, S. 161).

Während Second Life und World of Warcraft eine Vorreiterrolle auf dem Gebiet der virtuellen Welten und Online-Spiele einnehmen, gibt es weitere Entwicklungen in diesem Bereich. Erwähnenswert ist hier die virtuelle Welt Twinity, die zurzeit noch in der Beta-Testphase ist. Im Gegensatz zu Second Life werden sowohl Avatare als auch Gebäude realitätsnäher dargestellt und bieten so eine andere Art der Interaktion (Jánsky 2007, o.S.).

2.3.5 Plattformen zum Austausch von Medien

Plattformen zum Austausch von Medien können streng genommen als soziale Netzwerkseiten gesehen werden, da Mitglieder auf ihnen ein eigenes Profil erstellen und Verbindungen zu ihren Freunden aufbauen können (Boyd und Ellison 2007, S. 211 ff.). Trotz des Netzwerkcharakters steht der Austausch von multimedialen Inhalten im Vordergrund, und die Seite sowie deren Inhalte können zudem meist ohne vorherige Anmeldung genutzt werden. Aus diesem Grund soll diese Form der Plattform im Folgenden als eine eigene Kategorie behandelt werden. Die zwei bekanntesten Plattformen zum Austausch von Medien sind YouTube, eine Videohosting-Webseite, und flickr, eine Bildhosting-Webseite.

Auf YouTube[12] können Nutzer Videos auf einfachem Wege online stellen und mit anderen Nutzern weltweit austauschen. Durch die Anwendungen auf YouTube können Videos mittels eigener Webseiten, Blogs, E-Mail und Mobiltelefonen angeschaut und verbreitet werden (YouTube 2008a, o.S.). Videos werden entweder öffentlich oder privat online gestellt, so dass sie nur für ausgewählte Freunde sichtbar sind. Durch die Community-Features können Mitglieder Videos von anderen Nutzern kommentieren und bewerten (YouTube 2008b, o.S.). Das Unternehmen ist führend im Bereich von Online-Videos. YouTube kooperiert mit mehreren Medienunternehmen und Content-Providern (YouTube 2008a, o.S.). Zu den Funktionen von YouTube gehören das Einbetten („embedding"), welches den Nutzern erlaubt, Videos auf ihren MySpace Konten, in Blogs oder andere Webseiten zu integrieren. Durch den viralen Charakter von YouTube und der starken Community werden populäre Videos schnell verbreitet (YouTube 2008b, o.S.).

[12] YouTube wurde im Februar 2005 gegründet und ging im Dezember des Jahres online. Seit 2006 gehört YouTube zu google.

Flickr ist eine Online-Anwendung, die das Organisieren von Fotos und deren Verbreitung erleichtert. Ähnlich wie bei YouTube können auch bei flickr die Inhalte über Internet, Mobiltelefon, Computer und verschiedene Software hochgeladen sowie in Blogs, E-Mails und andere Webseiten eingebunden werden. In der Community kann man Freunden, Familie und Bekannten erlauben, die eigenen Fotos zu kommentieren und mittels Schlagwörtern zu kategorisieren[13] (flickr 2008, o.S.).

2.3.6 Wikis

Wikis[14] sind eine Form der kollektiven Intelligenz. Als kollektive Intelligenz bezeichnet man das gemeinsame Wissen bzw. gemeinsame Aktivitäten der Nutzer, welche über Netzwerkstrukturen angezapft und genutzt werden können (O'Reilly 2005, o.S.). Durch die einfache Handhabung des Internets und verschiedener Technologien, können Nutzer in freier Zusammenarbeit neue Werte und Inhalte generieren. Die geringen Kosten der Teilnahme und der Infrastruktur machen es umso attraktiver für Nutzer, ihr Wissen mitzuteilen und an digitalen Gemeinschaftsgütern mitzuarbeiten (Tapscott und Williams 2006, S. 11 f.).

Durch eine Wiki-Anwendung können Nutzer Beiträge erstellen, bestehende Beiträge editieren und zwischen Beiträgen verlinken (Tapscott und Williams 2006, S. 13; Möller 2005, S. 167). Alle vorgenommenen Änderungen werden in einer Historie aufgezeichnet, so dass aktuelle mit älteren Versionen verglichen werden können und bei Manipulationen die ursprüngliche Version wiederhergestellt werden kann (Möller 2005, S. 168).

Das weltweit wohl berühmteste Wiki ist die Online-Enzyklopädie Wikipedia, deren Name sich aus Wiki und „Enyclopedia" zusammensetzt. Hier können Nutzer Wiki-Funktionen anwenden, d.h. Artikel zu bestimmten Themen anlegen, bereits bestehende Artikel bearbeiten und Verlinkungen zwischen den einzelnen Beiträgen schaffen (Wikipedia 2008a, o.S.). Wikipedia existiert seit 2001 und hat sich zu einem der größten (Wikipedia 2008a, o.S.) und meistgenutzten Online-Nachschlagewerke etabliert (Niel-

[13] Dieses wird als Folksonomy bezeichnet (s. Kapitel 2.3.7).

[14] Der Begriff Wiki wurde von dem US-amerikanischen Programmierer Ward Cunningham im Jahre 1995 für Webseiten eingeführt, die ihre Inhalte durch Zusammenarbeit aller Nutzer generieren. In seinen Ursprüngen kommt der Term aus dem Hawaiianischen, wo „wikiwiki" „sehr schnell" bedeutet (OED 2005).

sen//NetRatings 2008b, o.S.). Für die Erstellung eines eigenen Wikis stehen den Nutzern verschiedene Anwendungen zur Verfügung, für die keine Programmierkenntnisse benötigt werden. Nennenswert sind PBwiki (pbwiki.com) und Wetpaint (wetpaint.com), die beide die Erstellung von Wikis erleichtern und diese auch hosten. Insbesondere die neueren Artikel sind jedoch auch anfällig für falsche Informationen und Vandalismus.

2.3.7 Folksonomy und Bewertungen

Auch Folksonomy[15] und Bewertungen gehören zur kollektiven Intelligenz. Nutzer sind hier maßgeblich an der Kategorisierung von Inhalten beteiligt. Niemand besitzt übergeordnete Autorität und die klassische Hierarchie ist außer Kraft gesetzt (O'Reilly 2005, o.S.; Golder und Huberman 2006, S. 198 f.). Bei Folksonomy handelt es sich also um eine gemeinschaftliche Arbeit, Webseiten und Inhalte durch Schlagwörter, so genannte Tags, zu kategorisieren (O'Reilly 2005, o.S.). Tagging bezeichnet die Form des Organisierens von elektronischen Inhalten mittels deskriptiver Wörter (Golder und Huberman 2006, S. 198). Tags können in Tag-Clouds, also Begriffswolken, dargestellt werden, in denen die häufig genutzten oder gesuchten Wörter graphisch herausgestellt werden. Tagging findet auf verschiedenen Web 2.0-Seiten Anwendung. So können Nutzer nicht nur Inhalte für sich selber kategorisieren, sondern auch auf die Informationen zugreifen, die von anderen Nutzern kategorisiert wurden (Golder und Huberman 2006, S. 198).

Mit Hilfe von Tags entstand auch das Phänomen des Social Bookmarking, d.h. des gemeinschaftlichen Anlegens von Favoriten im Internet. Del.icio.us ist hierfür eine der populärsten Webseiten. Anstatt dass die Favoriten an den Webbrowser gebunden sind, sind diese über del.icio.us via Internet ortsungebunden verfügbar (Golder und Huberman 2006, S. 201). Der soziale Aspekt im Social Bookmarking zeigt sich dadurch, dass jeder Nutzer auch die freigegebenen Favoriten anderer Nutzer einsehen kann. Durch das Suchen bestimmter Tags sieht man nicht nur die eigenen gespeicherten URLs, sondern erfährt auch, welche Seiten andere Leute unter demselben Schlagwort gespeichert haben (del.icio.us 2008, o.S.). Weiterhin ist eine „Popular"-Seite verfügbar, auf welcher man die besonders beliebten URLs sehen kann und eine Tag Cloud, in der besonders populäre Tags dargestellt werden (Golder und Huberman 2006, S. 201).

[15] Der Begriff Folksonomy ist eine Kombination der Wörter „Taxonomy" und „Folks" (zu dt. Leute).

Durch Bewertungssysteme können Nutzer über Inhalte abstimmen oder Produkte bewerten. Wie bei Folksonomy, werden Bewertungsfeatures häufig in andere Plattformen, z.B. auf YouTube, oder auf reguläre Webseiten, wie z.B. amazon, eingebunden. Die populärsten Beispiele für eigenständige Bewertungsseiten sind Digg und Verbraucherplattformen wie z.B. Ciao.de. Auf Digg.com können Nutzer Beiträge verschiedenster Arten und Plattformen sehen, die von anderen Nutzern als besonders sehens- oder lesenswert bewertet wurden. Diesen Beiträgen können sie dann bei Gefallen ihre Stimme geben und so deren Popularität steigern bzw. über den Inhalt der Beiträge diskutieren (Digg 2008, o.S.). Auf Verbraucherportalen können Nutzer verschiedene Produkte, aber auch die Kommentare anderer Nutzer bewerten und kommentieren. Auf Ciao.de ist eine Anmeldung für das Lesen der Rezensionen nicht notwendig. Die Bewertungs- und Kommentarfunktionen können hingegen nur nach vorheriger Registrierung genutzt werden (Ciao 2008, o.S.).

2.3.8 Widgets und Mashups

Widgets und Mashups basieren beide auf demselben Ziel: der Bereitstellung von Services und der einfachen Integration von Inhalten auf Webseiten. Widgets begannen zunächst als kleine Online-Anwendungen, die auf dem Desktop der Mac-Computer dargestellt werden konnten, wie z.B. Uhren, Wetternachrichten oder Aktienkurse. Inzwischen stehen Widgets vermehrt für die Integration in eigene Homepages oder soziale Netzwerkseiten wie Facebook oder MySpace zur Verfügung und werden gezielt für diese entwickelt (Ives 2008, o.S.; Kunz 2008, o.S.).

Bei Mashups hingegen liegt der Fokus auf der Kombination bestehender Inhalte mittels APIs (Merrill 2006, o.S.). Der Nutzen von Mashups liegt für den Anbieter in der einfachen Suche nach Kooperationspartnern über API-Verzeichnisse, in dem kostengünstigen Schaffen von Zusatzservices und der Erweiterung des eigenen Leistungsspektrums (Hommen 2007, S. 117 f.). Mashups können nach Anteil der eingebundenen Fremdinhalte in drei Stufen kategorisiert werden. Mashups der ersten Stufe binden eine fremde Webapplikation in die eigene Seite ein, ohne dass eine Verbindung mit weiteren Inhalten stattfindet. Mashups der zweiten Stufe integrieren fremde Elemente in eigene, bereits bestehende Inhalte. In die dritte Stufe gehören jene Mashups, die Inhalte von mehreren Anbietern kombinieren (Hommen 2007, S. 108 f.). M.E. ist die erste Stufe hierbei vergleichbar mit der Einbindung eines Widgets, da keine weitere Verbindung zu eigenen Inhalten stattfindet. Mashups können ebenso ihren Inhalten entsprechend kategorisiert werden, z.B. in Karten- oder Video-Mashups (Merrill 2006, o.S.). Die beliebtesten Mashups lassen sich auf Programmableweb (www.programmableweb.com) einsehen. Die populärsten APIs stammen von Google Maps, flickr, Amazon und YouTube (Programmableweb 2008, o.S.).

3. Die Bedeutung des Web 2.0 für Unternehmen

3.1 Die Relevanz von Web 2.0

Die gesellschaftliche Bedeutung von Web 2.0 und seiner Plattformen lässt sich an zwei Punkten erkennen. Einerseits hat auch die Nutzung von Web 2.0-Plattformen im Allgemeinen zugenommen. Andererseits hat die Nutzung von Web 2.0-Plattformen zunehmenden Einfluss auf die allgemeine Meinungsbildung. Nachrichten verbreiten sich durch Blogs und ähnliche Seiten mit einer hohen Geschwindigkeit und werden dann oft von den konventionellen Medien aufgegriffen.

Besonders groß ist der Einfluss der Blogosphäre auf die Informationsvermittlung über das Internet. Suchmaschinen platzieren jene URL besonders weit oben, die subjektiv am wichtigsten sind. Dieses wird u. a. daran gemessen, wie häufig auf eine Seite verlinkt wird. Da Blogger grundsätzlich die produktivsten und schnellsten Verlinker im Internet sind, ist ihr Einfluss überproportional hoch. Dieser Einfluss erhöht sich weiterhin dadurch, dass diese untereinander auf ihre Beiträge verlinken (O'Reilly 2005, o.S.). Die Macht der Blogger wurde in der Vergangenheit besonders durch Unternehmensskandale deutlich, die durch sie angestoßen wurden. Im deutschen Raum war dieses z.B. bei Jamba der Fall, im internationalen Raum erlitt Kryptonite einen starken Imageverlust aufgrund falscher Reaktionen auf die Blogosphäre.

Johnny Häusler schrieb 2004 im Blog "Spreeblick" einen kritischen Beitrag über die Verkaufstechniken des Klingeltonanbieters Jamba. Schon bald mischten sich Jamba-Verteidiger unter die Kommentierenden, die von einer IP-Adresse schrieben, die mit dem Unternehmen Verisign[16] in Verbindung gebracht wurde (Häusler 2004, o.S.). Die Onlinegemeinde reagierte heftig auf diese verdeckte PR und immer mehr Blogs verlinkten auf den Spreeblick-Beitrag (Stöcker 2005, o.S.), der dadurch noch immer bei einer Google-Suche nach „Jamba" unter den Top-Fünf-Ergebnissen ist.

[16] Verisign hatte zuvor im selben Jahr das Unternehmen Jamba gekauft.

Firma	Jahr	Kurzbeschreibung	Verbreitung über:
Jamba	2004	Jamba-Mitarbeiter verteidigten das Unternehmen, ohne ihre wahre Identität preiszugeben. Das Verhalten wurde schnell aufgedeckt. Die Mitarbeiter stritten die Anschuldigungen zunächst ab.	Blog (Spreeblick)
Kryptonite	2004	Teure Fahrradschlösser von Kryptonite ließen sich mit einfachen Kugelschreibern aufbrechen. Dieses wurde schnell in der Blogosphäre und auf Videoplattformen belegt und verbreitet. Das Unternehmen reagierte erst Wochen später.	Blogs (z.B. Engadget) und Videoplattformen
Dell	2005	Ein Blogger machte seinem Unmut mit Dell und dem schlechten Kundenservice Luft. Damit traf er den Nerv vieler anderer, die sich mit Kritik anschlossen. Das Unternehmen reagierte zunächst nicht.	Blog (BuzzMachine)
Comcast Cable Communications	2006	Um ein Kabelmodem zu reparieren, kam ein Techniker, der beim Kunden auf der Couch einschlief. Der Kunde filmte und stellte das Video online. Das Unternehmen erlitt einen Imageschaden.	Videoplattform (YouTube)
AOL	2006	Die Aufnahme eines Kundengesprächs, bei der der Servicemitarbeiter die Kündigung des Kunden nicht akzeptieren wollte, wurde online gestellt. Viele weitere Kunden machten daraufhin ihrem Ärger mit AOL Luft.	Videoplattform (YouTube)
GM	2006	GM ließ Konsumenten Videoclips mit dem Chevy Tahoe fertigen. Viele von ihnen kritisierten den SUV. GM nutzte diesen Anlass, um die Kritik zu entkräften.	Videoplattform (YouTube), Blogs
Sony	2006	Zwei fiktive Teenager bloggten über ihren Wunsch, eine PSP zu bekommen. Sie gaben Tipps, wie man seine Eltern subtil überzeugen könne. Konsumenten deckten die Werbekampagne auf und Sony wurde daraufhin von Konsumenten und Medien dafür gerügt.	Videoplattform (YouTube), Blogs, alliwantforxmasisapsp.com
CK	2007	Coty bewarb seinen neuen Duft CK in2u mit fiktionalen Charakteren auf verschiedenen Plattformen und Blogs von Privatpersonen, ohne den werblichen Hintergrund zu offenbaren. Die Nutzer waren empört.	Blogs, Medienplattformen, Commmunities/soziale Netzwerke
Dunkin Donuts	2007	Ein Blogger in Südkorea schrieb über die unhygienischen Zustände eines Zulieferers von Dunkin Donuts Restaurants. Die Korea Times griff dieses Thema auf.	Blog
CBS	2007	Die Show Jericho sollte abgesetzt werden, Zuschauer protestierten online dagegen. Das Unternehmen behielt die Show.	Blogs und Foren

Tabelle 3.1: Übersicht über ausgewählte Web 2.0-„Skandale"

(eigene Darstellung basierend auf Bernoff und Li 2008, o.S.; Graft 2006, o.S.; Israel 2005a, o.S.; Jarvis 2005, o.S., Jarvis 2007, o.S.; Maas 2007, o.S. und Svensson 2007, o.S.)

Im selben Jahr kursierten Gerüchte im Internet, dass man einige hochwertige Kryptonite-Fahrradschlösser[17] mit einfachen Einwegkugelschreibern aufbrechen könne, was durch ein Video belegt wurde (Polgreen 2004, o.S.). Das Thema wurde rasch von populären Blogs wie Engadget aufgegriffen (Torrone 2004, o.S.) und führte zu einem Aufschrei unter den Konsumenten (Polgreen 2004, o.S.). Die Reaktion des Unternehmens, die erst eine Woche später erfolgte, konnte die aufgebrachten Kunden nicht beruhigen (Israel 2005a, o.S.) und Kryptonite trug einen Millionenschaden sowie einen Imageverlust davon (Lyons 2005, o.S.). Heute beobachtet Kryptonite Blogs und Foren, um sofort auf negative Kommentare eingehen zu können (Israel 2005b, o.S.). Beide Fälle haben gemeinsam, dass die betroffenen Unternehmen nicht wussten, wie sie angemessen auf Kritik im Web 2.0 reagieren sollten.

Auch andere Plattformen haben einen Einfluss auf die öffentliche Meinungsbildung (s. Tabelle 3.1). So wurden in den letzten Jahren vermehrt Fälle von schlechtem Kundenservice oder miserablen hygienischen Zuständen in Restaurants einzelner Ketten über das Internet publik gemacht und aufgrund der hohen Resonanz oft von klassischen Medien aufgegriffen (Bernoff und Li 2008, o.S.). Soziale Netzwerkseiten und Bewertungs- bzw. Tagging-Seiten konfrontieren Individuen mit Informationen darüber, was sich andere Nutzer anschauen, anhören oder kaufen. Dieses beeinflusst die Entstehung von Hit-Produkten (Watts und Hasker 2006, S. 26). Der Einfluss der Nutzermacht im Web 2.0 kann aber auch positive Folgen für Unternehmen haben. CBS verzichtete nach Protest, der sich hauptsächlich online formierte, auf die Absetzung der Fernsehserie „Jericho" und konnte so einen potenziell kostenträchtigen Fehler vermeiden (Bernoff und Li 2008, o.S.).

Die wachsende Bedeutung von Web 2.0-Anwendungen wird auch durch Rankings belegt. Betrachtet man die global populärsten Internetseiten, so ist der Anteil von Web 2.0-Seiten unter den Top 20 überproportional hoch. Zusätzlich hat die Anzahl der Nutzer des Web 2.0 zugenommen. Während 2004 lediglich fünf Millionen Blogger online waren, verzehnfachte sich diese Zahl innerhalb eines Jahres (Wright 2006, S.12). Technorati verzeichnete Ende 2007 ca. 112 Millionen Blogs[18] (Technorati 2007, o.S.). Die Anzahl der täglichen Blogbeiträge ist abhängig vom Tagesgeschehen. Bei wichtigen

---

[17] Kryptonites Schlösser werden mit der höchsten Sicherheitsstufe bewertet (s. www.kryptonite.com).

[18] In dieser Zahl wird allerdings keine Aussage über das Aktivitätsniveau eines Blogs gemacht, d.h. auch Blogs, die selten aktualisiert und genutzt werden, sind darin verzeichnet.

Ereignissen, meist politischer Natur, steigt ihre Anzahl rasant an (Sifry 2007, o.S.). Auch soziale Netzwerke haben eine steigende Popularität. Facebook verzeichnet inzwischen über 68 Millionen aktive Nutzer[19] (Facebook 2008d, o.S.), und auf MySpace waren 2006 bereits über 75 Millionen Nutzer tätig (Cassidy 2006, S. 50). In Deutschland sind im studiVZ über vier Millionen Nutzer aktiv (Studiverzeichnis 2007, S. 1) und bei Xing sind es über fünf Millionen (Xing 2008b, o.S.).

Trotz der weit verbreiteten Medienberichterstattung und der hohen Bekanntheit von über 70% wird die virtuelle Welt Second Life nur verhalten genutzt (Fittkau & Maaß Consulting 2007, o.S.). Ende 2007 waren zwar über 11,7 Millionen Nutzer bei Second Life angemeldet, hiervon gehören aber nur knapp über eine halbe Million in die Kategorie der aktiven Nutzer[20] (Linden Lab 2008b, S. 6 ff.). Das Online-Spiel World of Warcraft ist populärer und hat weltweit über zehn Millionen Spieler (Blizzard Entertainment 2008, o.S.). Da die Nutzung des Online-Rollenspiels kostenpflichtig ist, kann man davon ausgehen, dass diese Spieler zum größten Teil aktiv tätig sind.

Die Nutzer generieren im Netz vermehrt Inhalte. Bei Wikipedia waren zu Beginn des Jahres 2008 über zwei Millionen Artikel online (Wikipedia 2008b, o.S.), auf YouTube findet man mehr als 72 Millionen Videos[21] und flickr umfasst inzwischen über zwei Milliarden Fotos (Oates 2007, o.S.). Im deutschen Raum werden nutzergenerierte Inhalte hauptsächlich von den 14- bis 29-Jährigen erstellt, von denen ein überdurchschnittlich hoher Anteil über formale Bildung und ein hohes Haushaltsnettoeinkommen verfügt (TNS Infratest 2007, S. 1). Allerdings überwiegt die passive Nutzung von Web 2.0-Inhalten. Am beliebtesten sind Wikis und Videoseiten noch vor Weblogs, Fotoseiten und sozialen Netzwerken (TNS Infratest 2007, S. 1 f.). Podcasting wird von den Nutzern im deutschen Raum nur verhalten angenommen. Zwar ist der Begriff über der Hälfte der Nutzer bekannt, die Inhalte wurden aber nur von 8% genutzt (Van Eimeren und Frees 2007, S. 373).

[19] Aktive Nutzer sind Nutzer, die innerhalb von 30 Tagen die Seite erneut genutzt haben (Facebook 2008c, o.S.).

[20] Aktive Nutzer sind Nutzer, die sich im Betrachtungszeitraum für länger als eine Stunde eingeloggt haben (Linden Research 2007, o.S.).

[21] Zahl beruht auf eigener Recherche mit der Eingabe von * in das Suchfeld, als Platzhalter, der alle vorhandenen Videos als Ergebnis anzeigt: http://youtube.com/results?search_query=*&search_type= (Stand: 25.02.2008).

Um eine Aussage treffen zu können, wie populär die Nutzung von Web 2.0-Anwendungen bei Unternehmen und Marken in bestimmten Branchen ist, wurde im Folgenden der Onlineauftritt der Interbrand „Best Global Brands 2007" untersucht (s. Anh. Tab. A.2). Hierbei wurde erforscht, ob Unternehmen die sechs populärsten der oben genannten Web 2.0-Plattformen, also Blogs, Podcasts, Wikis, Soziale Netzwerke und Online Communities, Plattformen zum Austausch von Medien sowie virtuelle Welten und Online-Spiele nutzen. Unter Plattform-Nutzung soll im Folgenden nicht differenziert werden, ob es sich um eine unternehmenseigene oder eine bereits bestehende Plattform handelt. Auch wird nicht danach unterschieden, ob eine Marke eine Plattform nur für eine Kampagne oder kontinuierlich einsetzt. Wurde von dem Unternehmen einen Einsatz von Web 2.0 angekündigt, so wurde dieses als Nutzung einer Plattform verzeichnet.

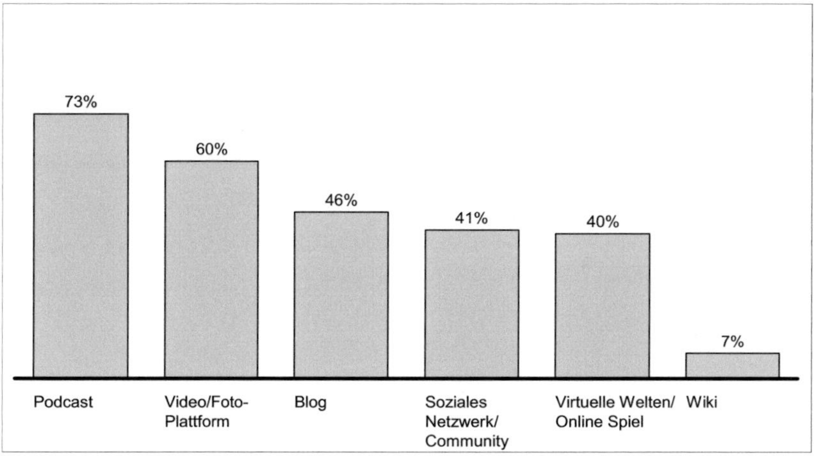

Abb. 3.1: Nutzung der Web 2.0-Plattformen durch die Best Global Brands

Von den untersuchten Unternehmen wurden hauptsächlich Podcasts (73%), Plattformen zum Austausch von Medien (60%), Blogs (46%), Soziale Netzwerke und Online Communities (41%) sowie virtuelle Welten und Online-Spiele (40%) genutzt (s. Abb. 3.1). Nur 7% der betrachteten Unternehmen verwandten Wikis[22]. Die meisten Podcasts sind dabei für den amerikanischen Markt konzipiert, der im Vergleich zu Deutschland dieses Medium besser akzeptiert. Weiterhin lässt sich auch eine erhöhte Popularität hinsicht-

[22] Evtl. Beiträge von Unternehmen auf Wikipedia wurden nicht berücksichtigt, da aus den Autorenkennzeichnungen auf Wikipedia nicht ersichtlich wird, ob Unternehmen Artikel über ihr Unternehmen btw. Produkte verfasst haben

lich des Schaltens von Videoclips auf YouTube und der virtuellen Präsenz in Second Life feststellen.

Die Web 2.0-Nutzung variiert stark zwischen den verschiedenen Branchen (s. Abb. 3.2). Hauptsächlich werden Web 2.0-Plattformen von Computer-, Internet- und Elektronik- sowie von Medienunternehmen eingesetzt.

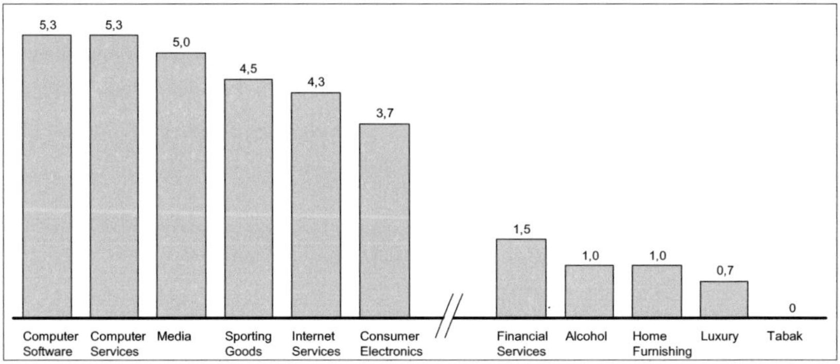

Abb. 3.2: Web 2.0-Nutzung der Best Global Brands nach Branche

Dies liegt nahe, da für Medienunternehmen die Möglichkeiten des Web 2.0 einen neuen Vertriebskanal darstellen. Für Computer-, Internet- und Elektronikunternehmen besteht ein starker Image- und Zielgruppen-Fit. Aber auch Sportartikelhersteller nutzen Web 2.0 überdurchschnittlich oft, was im jungen und dynamischen Image der Unternehmen und Zielgruppen begründet liegt. Stark unterdurchschnittlich werden die Möglichkeiten des Web 2.0 von Tabak- und Alkoholherstellern, von Luxusmarken und Finanzdienstleistern genutzt. Für die erste Branche liegt der Grund in den starken werblichen Beschränkungen, z.B. in der EU-Richtlinie, die Tabakwerbung im Internet verbietet (Elsaeßer 2006, o.S.). Für Finanzdienstleister und Luxusmarken stellt das Web 2.0 noch keine ausreichend seriöse Möglichkeit dar, auch wenn sie einige Anwendungen schon vereinzelt nutzen. Die Reserviertheit der Luxusmarken reflektiert die Sorge, „das Internet könnte das Markenerlebnis unterhöhlen oder verwässern“ (Birchall 2007, o.S.).

3.2 Chancen des Web 2.0 für Unternehmen

Im Zentrum des Marketing steht die Herausforderung, die Bedürfnisse, Wünsche und Nachfrage der Konsumenten zu befriedigen und die eigenen Produkte und Dienstleistungen daraufhin auszurichten (Kotler und Armstrong 2004, S. 6). Die Verbreitung des Internets bedingen besondere Chancen und Herausforderungen für das Marketing. Die Gründe hierfür liegen in den direkteren Kundenbeziehungen, in der einfachen Kundenintegration in den Wertschöpfungsprozess, in der globalen Reichweite des Mediums, in den multimedialen Marketingmöglichkeiten sowie in einer stärkeren Position der Nachfrager (Bogner 2006, S. 43 ff.).

Web 2.0 bietet eine Fülle an Möglichkeiten, mit denen Unternehmen die neuen Entwicklungen hinsichtlich eines dialogischen Austausches mit den Konsumenten nutzen und auf alle Dimensionen des Kundenlebenszyklus anwenden können (Bender 2008, S. 176). Aufgrund der Interaktivität und innovativen Möglichkeiten der Kommunikation entstehen neue Wege, den Marketingherausforderungen zu begegnen. Marketingmaßnahmen im Web 2.0[23] sollen dabei nicht als Ersatz für das traditionelle Marketing gesehen werden, vielmehr sollen sie sich gegenseitig ergänzen. So können z.B. Blogs als Komplemente für Presseerklärungen, Werbung und Fokusgruppen genutzt werden (Wright 2006, S. 30 f.). Da der Erfolg von Web 2.0-Plattformen maßgeblich von der Beteiligung der Nutzer abhängt, müssen diese durch Anreize zu regelmäßigen Beiträgen bewegt werden (Bender 2008, S. 183). Im Folgenden soll anhand des Marketingprozesses und ausgewählter Beispiele dargestellt werden, wie Web 2.0 exemplarisch genutzt werden kann, um Marketingherausforderungen zu begegnen.

3.1.1 Identifikation von Trends

Unternehmen müssen Trends auf Konsumentenseite identifizieren, um die eigenen Produkte und Dienstleistungen auf diese ausrichten zu können. Die Bedeutung von Markt- und Konsumentenforschung war nie höher als zurzeit, da Marketingmaßnahmen dem sich schnell verändernden Marktumfeld angepasst werden müssen. Diese Veränderun-

[23] Da einige Online-Marketingmaßnahmen schon vor der Entstehung des Begriffs Web 2.0 ins Leben gerufen wurden, sei an dieser Stelle noch einmal darauf hingewiesen, dass die Definition des Web 2.0 keinen bestimmten Zeitpunkt, sondern nur die Ausprägung der Internetanwendungen als besonders sozial und konsumentenfreundlich bezeichnet.

gen sind insbesondere durch aufgeklärte Konsumenten und einen erhöhten Wettbewerb bedingt (Keller 2003, S. 595).

Bisher wurde Marktforschung auch im Internet mittels traditioneller Primärforschungsmethoden durchgeführt (Bogner 2006, S. 43 ff.). Durch Web 2.0 bieten sich nun zusätzliche Möglichkeiten, diese auf neue Plattformen auszuweiten und neue Methoden zu nutzen. Aufgrund der sozialen Komponente lassen sich Trends im Web 2.0 schneller identifizieren. Jedoch ist auch hier ein genaues Auswerten der vorhandenen Daten und Materialien von Nöten.

Ohne dass ein Unternehmen eine eigene Internetpräsenz unterhält, können Blogs und Beiträge zu bestimmten Themengebieten untersucht und Nutzerkommentare analysiert werden. Diese bieten eine unabhängige Quelle, durch die man Konsumentenmeinungen zu Trends, aber auch zu den eigenen Produkten erfahren kann (Rudolph, Emrich und Meise 2007, S. 195; Wright 2006, S. xi f.; Puri 2007, S. 397 f.). Unterhält ein Unternehmen einen eigenen Blog oder eine Community, an denen sich Nutzer aktiv beteiligen, können gezielt Anstöße zu bestimmten Themen gegeben werden.

Auch wenn Frosta seinen Blog (blog-frosta.de) nach eigenen Angaben nicht mit dem Ziel der klassischen Marktforschung begann, so zielten viele Beiträge auf die Reaktionen der Konsumenten (Matthias 2007, o.S.). Frosta reagierte z.B. auf Zuschriften der Kunden, die Paprika als Bestandteil von Fertiggerichten thematisierten. Um diesen Trend weiter zu erforschen, stieß das Unternehmen eine Diskussion auf seinem Blog an (s. Abb. 3.3). Nach fast einem Jahr brachte Frosta dann ein Produkt ohne Paprika auf den Markt, um auf die Konsumentenwünsche zu reagieren (Ahlers 2006, o.S.; Ahlers 2007, o.S.).

Abb. 3.3: Marktforschung auf dem FRoSTA-Blog
(Ahlers 2006, o.S.)

Die Community Carmondo (s. Abb. 3.4) wurde 2007 von Sixt mit dem Ziel gegründet, hierdurch Marktforschung zu betreiben.

Abb. 3.4: Die Sixt Community Carmondo.de
(http://www.carmondo.de/ (Stand: 04.03.2008))

So sollen Konsumenten und ihre Bedürfnisse besser verstanden werden (Sixt 2007, S. 20). Durch die Möglichkeiten für die Nutzer, über Autos und verwandte Themen zu diskutieren, ergibt sich die Möglichkeit für Sixt, neue Trends im Automarkt aufzuspüren.

Im Rahmen des Web 2.0 gibt es auch kostenlose Recherchemöglichkeiten, mit denen die Wichtigkeit und Nutzung von Begriffen im Internet ermittelt werden kann. Über blogpulse.com, einem Trendforschungstool von Nielsen BuzzMetrics, lässt sich z.B. durch die einfache Eingabe eines oder mehrerer Suchbegriffe der Anteil der Blogbeiträge bestimmen, die innerhalb eines Zeitraumes diesen Begriff beinhalteten (Blogpulse 2005, o.S.).

3.1.2 Produktentwicklung

Bei der Produktentwicklung werden neue Produkte für bestehende Märkte geschaffen. Dieses geschieht z.B. durch Innovationen oder Programmerweiterungen, bei denen zusätzliche Produktvarianten entwickelt werden (Meffert 2000, S. 245). Die neuen Produktkonzepte sollten mit den Trends und der Nachfrage auf dem Zielmarkt übereinstimmen. Um optimale Produkte für den Markt anzubieten und um die unterschiedlichen Produktkonzepte zu testen, muss das Unternehmen im Laufe der Produktentwicklung Marktforschung betreiben (Aaker, Kumar und Day 1995, S. 681 f.).

Der wachsende Trend hin zu Maßanfertigungen („Customization") und darüber hinaus zur so genannten „Customerization" stellt eine neuartige Herausforderung. Bei Maßanfertigungen werden die Angebote des Unternehmens auf den Kunden zugeschnitten, bei der Customerization wird der Kunde selbst in diesem Prozess tätig. Hierdurch wird dem Kunden die Rolle des Prosumenten zuteil, und das Unternehmen wirkt lediglich als Intermediär, der den Produktionsprozess erleichtert (Kotler und Armstrong 2004, S. 73). Durch eine aktive Einbindung des Kunden und durch ein maßgeschneidertes Produktangebot können die Konsumentenbedürfnisse optimal befriedigt werden.

Bei der Produktentwicklung dienen Blogs und Netzwerke dazu, in einer frühen Phase Produktideen zu publizieren und die Nutzer zu Diskussionen anzuregen. Philips unterhält eine „Co-Creation Experience" in Second Life, in der Konsumenten mit Philips Design kommunizieren und interagieren können. So kann das Unternehmen zum Nutzerverhalten in virtuellen Welten recherchieren und mit Nutzern in Co-Produktionen zusammenarbeiten (Philips 2007a, o.S.). Einige Monate nach der Etablierung im Juni 2007 waren bereits mehr als 200 Second Life-Bewohner Mitglied der „Philips Design Friends Group“ und Philips konnte durch sie Informationen und Einblicke in verschiedene Themenbereiche gewinnen (Philips 2007b, o.S.). Während zunächst noch die Nutzung von Second Life und die Bereitschaft zur Zusammenarbeit im Fokus standen, so sollen in Zukunft durch Co-Design Produkte entwickelt werden, die für den Verbraucher eine hohe Relevanz besitzen (Philips 2008, o.S.).

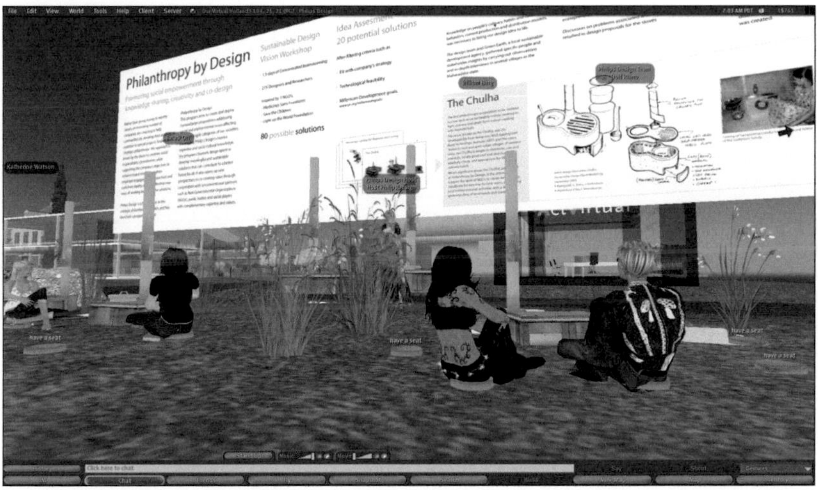

Abb. 3.5: Philips Co-Creation Experience in Second Life
(http://www.design.philips.com/shared/assets/design/news/second_life/Chulha.jpg (Stand: 12.03.2008))

Bestehen erste Produktideen, so können diese dann von den Nutzern mittels Abstimmungsmechanismen bewertet werden. Dies wird oftmals in Kombination mit Gewinnspielen realisiert, um die Konsumenten zur Teilnahme zu animieren. Das Unternehmen Kettle Foods[24] nutzte dieses Vorgehen das erste Mal in 2005, um neue Geschmackssorten für Kartoffelchips in sein Produktprogramm aufzunehmen. Bei der Kampagne 2006/2007 konnten die Nutzer unter www.passporttoflavor.com zwischen fünf Sorten aufgrund von Probepaketen oder nur aufgrund der Produktbeschreibung entscheiden. Hierzu konnten Konsumenten diese online bewerten (s. Abb. 3.6), Kommentare hinter-

[24] Kettle Foods ist ein Unternehmen welches natürliche Snacks, hauptsächlich Kartoffelchips, herstellt. Die Kunden sind überwiegend aufgrund der Produktqualität und nicht aufgrund des Marketings der Marke gegenüber loyal.

lassen und E-Cards verschicken (eRoi 2008, o.S.). Die Gewinnersorte wurde dann in das Produktprogramm aufgenommen (Maxwell PR 2006, o.S.).

Abb. 3.6: Beispiel einer Passport to Flavor-Bewertungsseite (http://web.archive.org/web/20061209004638rn_1/www.passporttoflavor.com/index.html (Stand: 03.03.2008))

Das „People's Choice" Programm wurde zu einem Erfolg für das Unternehmen. Zum einen generierte es Aufmerksamkeit seitens der Konsumenten und der Medien. Weiterhin wurden hohe Absatzziele erreicht, die die Erwartungen bei weitem übertrafen (Maxwell PR 2006, o.S.). Während der „Passport to Flavor"-Aktion wurden mehr als 24 Millionen Media Impressions generiert. und Verträge mit drei Supermarktketten abgeschlossen (eRoi 2008, o.S.).

3.1.3 Produkt- und Preisgestaltung

Produkt- und Preisgestaltung sind Bestandteile des Marketing-Mix. Bei der Produktgestaltung müssen Entscheidungen über die endgültige Ausgestaltung des Produktes getroffen werden. Hierzu zählen Produktattribute, wie z.B. Produktqualität, Produkteigenschaften und -design, die Markierung, die Verpackung und unterstützende Services. Die genaue Gestaltung sollte durch Marktforschung begleitet werden, um das Produkt auf die Zielgruppe abzustimmen (Kotler und Armstrong 2004, S. 283 ff.; Aaker, Kumar und Day 1995, S. 684 ff.).

Auch bei der Produktgestaltung muss der Trend zur Customerization beachtet werden, der eine Verschiebung zum käuferorientierten Marketing zeigt (Wind und Rangaswamy 2001, S. 14). Der Konsument sollte neben der Produktentwicklung aktiv in die weiteren Stufen des Produktgestaltungs- und Konsumprozesses eingebunden werden (Wind und Rangaswamy 2001, S. 20 f.), so dass eine zielgruppengerechte Ausgestaltung des Produktes garantiert wird.

Bei der Preisgestaltung werden sowohl der Preis als auch eventuelle Rabatte und Boni für verschiedene Märkte und Zielgruppen betrachtet (Kotler und Armstrong 2004, S. 345 ff.). Auch hier wird Marktforschung benötigt, um die preisliche Ausgestaltung zu optimieren und um verschiedene Alternativen gegeneinander abzuwägen (Aaker, Kumar und Day 1995, S. 696). Durch das Internet stellen sich neue Herausforderungen in Bezug auf die Preisgestaltung. Der Konsument hat hier die Möglichkeit, aufgrund der hohen Transparenz schnell und einfach die Preise verschiedener Anbieter zu vergleichen (Bogner 2006, S. 90). Das Internet bietet aber auch die Möglichkeit der dynamischen Preissetzung, bei der das Unternehmen verschiedenen Personen unter verschiedenen Bedingungen unterschiedliche Preise anbieten kann (Kotler und Armstrong 2004, S. 345).

Blogs können wie gehabt für Marktforschung, auch im Rahmen der Produkt- und Preisgestaltung, genutzt werden. Vor der Produktion können Diskussionen auf Blogs oder in Communities verfolgt und Konsumentenmeinungen ausgewertet sowie Konsumenten aktiv in eine Diskussion über die Ausgestaltung eines Produktes einbezogen werden. Hier gilt, dass die Nutzer durch eine visuelle Unterstützung oder durch das Versenden von Produktmustern eine bessere Möglichkeit haben, das Produkt genauer zu beurteilen. Die Produkte können auch in virtuellen Welten oder Online-Spielen präsentiert werden.

Ist das Produkt bereits auf dem Markt erhältlich, dient die Analyse derselben Quellen dazu, Verbesserungspotenziale zu identifizieren. Auf externen Bewertungsseiten beurteilen Nutzer Produkte und ihre Eigenschaften. Diese Informationen können Unternehmen nutzen, um ihre Produkte zu optimieren. Unternehmen können auch auf der eigenen Webseite Bewertungen anregen. Auf Frosta.de haben z.B. Konsumenten die Möglichkeit, Produkte zu beurteilen und ihre Bewertung zusätzlich zu kommentieren. Hieran kann Frosta sehen, welche Faktoren die Kunden an einem bestimmten Gericht stören oder noch verbesserungsfähig wären.

Bindet ein Unternehmen die Konsumenten in den Produktionsprozess ein und reagiert so auf den Trend hin zur Customerization, können Marktforschungsdaten gewonnen werden, ohne dass der Konsument dies als Störung empfindet. Durch diese Integration wird auch der Nachfrage nach individuelleren Produkten genüge getan. Die Vorstellungen des Konsumenten können online noch besser berücksichtigt werden, als es im traditionellen Handel möglich wäre (Rudolph, Emrich und Meise 2007, S. 187). So können Konsumenten seit 1999 auf NikeiD (nikeid.nike.com) ihre eigenen Turnschuhe entwerfen (s. Abb. 3.7). Ausgehend von bereits vorhandenen Grundmodellen ist es möglich, verschiedene Farben für die Bestandteile des Schuhs auszuwählen und sogar mit einem persönlichen Schriftzug zu versehen. Nike kann mit den anfallenden Daten erfassen, welche Modelle und Farbkombinationen besonders populär sind und diese Informationen in die Produktion ihrer regulären Produktlinie mit einbeziehen. Zunächst verliefen die Verkäufe über die Seite schleppend, verschafften Nike aber dennoch ein positives Image (Friedman 2000, S. S4). Seit 2004 hat sich das Geschäft mit NikeiD verdreifacht und mehr als drei Millionen Unique Visitors besuchen jeden Monat die Seite. Neuerdings gibt es das NikeiD-Angebot auch in einigen traditionellen Nike-Geschäften, in denen sich die Kunden durch geschulte Design Consultants beraten lassen können (Nike 2007, o.S.).

Auch Lego bietet seinen Kunden mit der Lego Factory (factory.lego.com) die Möglichkeit, eigene Lego-Modelle mit Hilfe eines kostenlosen Design-Programms[25] am Computer zu entwerfen, zu kaufen und für andere Kunden online zur Verfügung zu stellen[26]. Um die Lego Factory wurde zudem eine Community gebildet, so dass Nutzer sich untereinander austauschen können. Einige der so gestalteten Modelle wurden bereits ins feste Produktprogramm übernommen (Lego 2008, o.S.).

---

[25] Lego Digital Designer-Software (LDD)

[26] Dieses Beispiel ist m.E. der Produktgestaltung zuzuordnen, da bei Lego das fertige Produkt durch die Bausteine in Standardfarben und -größen charakterisiert ist. Durch die Konsumenten werden lediglich die Zusammensetzung der Steine in einer Box und die Gestaltung der Verpackung übernommen.

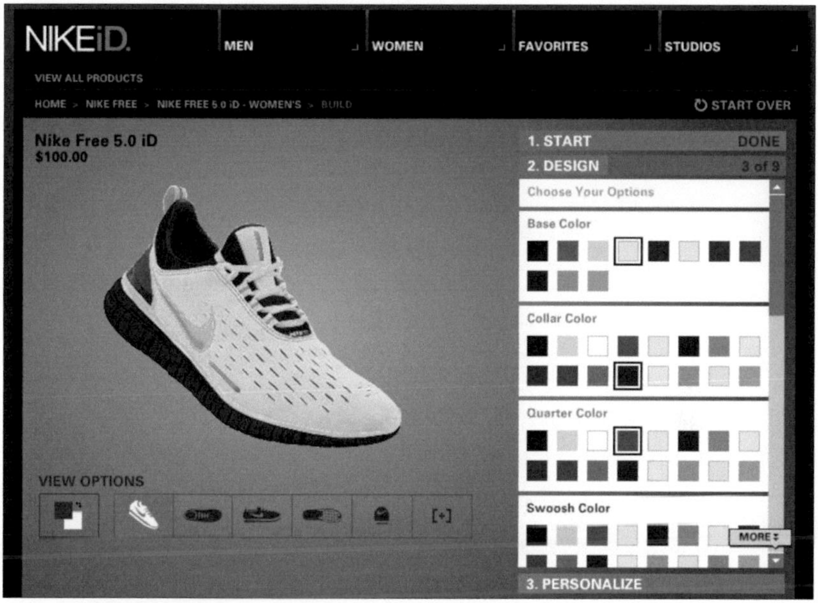

Abb. 3.7: Produktgestaltung mittels NikeiD
(http://nikeid.nike.com/nikeid/index.jhtml?_requestid=434188 (Stand: 01.02.2008))

Für die individuelle Preisgestaltung[27], können Webseiten genutzt werden, die Reverse Auctions nutzen, bzw. bei denen Konsumenten den Preis angeben können, den sie zu zahlen bereit sind. Der Anbieter entscheidet dann, ob er den Preis annehmen oder ablehnen möchte und kann so die Zahlungsbereitschaft der Kunden abschöpfen. Priceline.com ist z.B. ein Portal, auf dem Anbieter preissensible Kunden ansprechen können, ohne ihre niedrigen Preise der breiten Öffentlichkeit zu kommunizieren (Perkins 2006, o.S.). Derartige Seiten reagieren auf den Trend der kundenspezifischen Anpassung (Wind und Rangaswamy 2001, S. 14). Hierbei ist allerdings zu beachten, dass dieses Mittel der Preissetzung häufig bei Produkten genutzt wird, die einen hohen Fixkostenanteil und verfügbare Kapazitäten haben, wie bspw. Flüge (Perkins 2006, o.S.). Der Bibel-Software-Verlag Logos nutzt das so genannten Community Pricing. Hier können Nutzer auf ein Produkt bieten, noch bevor es produziert wird. Der Verlag gibt an, wie viel die Produktion eines bestimmten Buches kosten würde. Bieten genügend Interes-

[27] Im Internet können durch Zugangsbeschränkungen verschiedene Preise für unterschiedliche Kunden angeboten werden. Diese Möglichkeit der Preisdiskriminierung ist jedoch nicht auf die Besonderheiten des Web 2.0 zurückzuführen.

senten auf ein Buch, und sind die Kosten damit gedeckt, wird es produziert. Bieten mehr Kunden auf ein Buch als zur Kostendeckung nötig sind, wird der Preis für jeden Käufer automatisch niedriger. So kann der Verlag die Preise optimal in Bezug zur Nachfrage setzen (Logos 2008, o.S.).

Abb. 3.8: Ein ins reguläre Produktprogramm aufgenommenes Modell (http://factory.lego.com/products/ (Stand: 16.03.2008))

3.1.4 Kommunikation

Im Rahmen der Kommunikation werden Aktivitäten geplant, die das Produkt und seine Eigenschaften bekanntmachen, gegen die Konkurrenz abgrenzen und zum Kauf anregen sollen (Kotler und Armstrong 2004, S. 58; Bruhn 2007, S. 229 f.). Dies geschieht meist auf informativem oder emotionalem Wege bzw. einer Mischung aus beiden (Kroeber-Riel und Esch 2004, S. 67 ff.). Im Planungsprozess sollen Markt und Konsumenten analysiert werden, um so eine optimale Strategie für die Ansprache der Zielgruppe und die operationale Gestaltung der Kommunikationsmaßnahmen zu erzielen (Bruhn 2007, S. 130 ff.; Aaker, Kumar und Day 1995, S. 713 ff.).

Bei der Kommunikation ist es eine Herausforderung, sich aus der Reizüberflutung abzuheben und auf den Trend zur Pull-Kommunikation zu reagieren (Bogner 2006, S. 27). Grundsätzlich erhöht sich durch ein stärkeres Involvement des Kunden auch die Kaufwahrscheinlichkeit (Kroeber-Riel und Weinberg 2003, S.195), denn durch die Einbeziehung und Mitgestaltung von Inhalten fühlen sich Konsumenten wichtig und beachtet (Davenport und Beck 2000, S. 123). Damit Kommunikationsmaßnahmen nicht als Reizüberflutung wahrgenommen werden, sollten diese also die Interaktivität fördern (Cho und Cheong 2004, S. 93). Durch die steigende Aufgeklärtheit der Konsumenten müssen Kampagnen glaubwürdiger und vertrauensvoller werden. Grundsätzlich mangelt es kommerzieller Werbung in der öffentlichen Wahrnehmung an Glaubwürdigkeit (Bauer, Rösger und Valtin 2004, S. 301). Durch die erhöhte Anspruchshaltung und abnehmende Unternehmensloyalität der Konsumenten entwickelt sich deshalb ein Trend hin zu wechselseitigen Kommunikationsprozessen, die den Aufbau langfristiger Beziehungen mit sich bringen sollen (Bruhn 2007, S. 28). Das erhöhte Interaktionspotenzial der Web 2.0-Anwendungen ermöglicht es, diese besonders gut für Kommunikationszwecke einzusetzen[28].

Blogs lassen sich sowohl zur rationalen Kommunikation mit den Konsumenten als auch zur Marktforschung nutzen. Unternehmen können durch Blogs direkt mit ihren Konsumenten interagieren und durch den direkten Dialog die Kundenzufriedenheit steigern (Wright 2006, S. xi f., S. 26 ff.). Das Verlangen der Konsumenten nach glaubwürdiger Kommunikation kann durch das Betreiben von Blogs befriedigt werden, die den Nutzern eine Plattform zum Kritisieren und zum Loben geben (Bender 2008, S. 185). Im Gegensatz zu traditionellen Presseerklärungen, die oft in stark verkürzter Form in den Medien publiziert werden, enthalten Blogbeiträge oft mehr Informationen (Wright 2006, S. 5). Blogs können auch zur Dissonanzreduktion nach dem Kauf eines Produktes eingesetzt werden. Sie ermöglichen Konsumenten, Kommentare anderer Nutzer und Antworten des Unternehmens auf Probleme zu lesen. Durch eine Stellungnahme in Blogs kann ein Unternehmen zum Nachkaufmarketing beitragen, was wiederum zu erhöhter Loyalität des Konsumenten führen kann (Kroeber-Riel und Weinberg 2003, S. 187). Selbst bei negativen Kommentaren können Unternehmen durch die richtige Reak-

[28] An dieser Stelle sollen nur jene Möglichkeiten aufgezeigt werden, die den Grundsätzen des Web 2.0 entsprechen. Auf Modifikationen von „klassischen“ Online-Kommunikationsmitteln (wie z.B. das so genannte Behavioral Targeting, s. Bender 2008) soll nicht eingegangen werden.

tion, wie z.B. durch eine schnelle Stellungnahme oder Lösungsvorschläge, eine positive Auswirkung auf ihr Image erzielen (Bender 2008, S. 185). Marktforschung lässt sich durch eine direkte Ansprache im Blog betreiben. Ein Beispiel hierfür ist der FastLane Blog von General Motors (GM). Hier ließ sich 2006 der stellvertretende Vorsitzende, Bob Lutz, von Konsumenten direktes Feedback dazu geben, wie GM eine höhere Markenbekanntheit und ein besseres Image erzielen könnte (Lutz 2006, o.S.). Hierzu bekam Lutz über 300 teilweise sehr ausführliche Antworten und Kommentare von Konsumenten.

Kommunikation sollte neben der faktenbasierten auch eine emotionale Komponente enthalten; der Kunde soll das Angebot erleben können (Kroeber-Riel und Esch 2004, S. 39). Die bewusste und aktive Teilnahme der Konsumenten am Kommunikationsprozess resultiert in einer höheren Aufmerksamkeit (Davenport 2000, S. 123), wodurch der Werberesistenz entgegen gewirkt wird. Open-Source-Marketing ist eine Möglichkeit im Web 2.0, der veränderten Kundeneinstellung zu begegnen (Wiedmann und Langner 2006, S. 140 f.). Marketing soll als offene und freie Version, die durch die Nutzer verändert werden kann präsentiert werden (Coar 2006, o.S). Der Nutzer gestaltet z.B. eigene Werbemaßnahmen mit oder ohne Vorgabe des Unternehmens, wodurch das „kreative Humankapital" genutzt wird (Wiedmann und Langner 2006, S. 144). Zusätzlich wird durch eine aktive Einbindung der Konsumenten gewährleistet, dass diese sich intensiver mit dem Produkt auseinandersetzen und dieses besser kennen lernen können.

Chevrolet nutzte Open-Source-Marketing zur Bewerbung seines SUV Chevy Tahoe. Nutzer konnten auf der Seite chevyapprentice.com aus vorhandenen Bild-, Video- und Musikdateien einen eigenen Werbespot zusammenstellen, von denen der beste prämiert wurde (Peper 2006, o.S.). Die Spots sollten an Freunde und Bekannte weiterverschickt werden und so das Produkt bekannter machen (Bosman 2006, o.S.). Auch Dove Cremeoil verfolgte eine ähnliche Vorgehensweise. Nutzer konnten hier ihre eigenen Werbespots drehen, ohne dass diese nur auf bestehende Bestandteile beschränkt waren. Durch Abstimmungen anderer Nutzer wurden die besten Spots ausgewählt. Die finale Entscheidung zwischen den beiden beliebtesten Spots fand in den Werbepausen während der Oscar-Verleihung 2008 statt, bei der im Internet und über Mobiltelefon abgestimmt werden konnten (Dove 2008, o.S.).

Abb. 3.9: Open-Source-Marketing am Beispiel von Chevrolet
(http://www.thomevincent.com/blog/images/buzz/chevyGM.jpg (Stand: 16.03.2008))

Ein erhöhtes Involvement der Konsumenten und eine Bekanntheitssteigerung lassen sich auch durch die Nutzung multimedialer Inhalte und virtueller Welten bzw. Online-Spielen fördern. Durch Aktivität und Interaktion wird die Marke dem Konsumenten näher gebracht (Bauer, Rösger und Valtin 2004, S. 301). Hierzu kann ein Unternehmen ein Profil auf einer sozialen Netzwerkseite erstellen oder Widgets nutzen. Marketing mittels Widgets auf Seiten wie Facebook hat in letzter Zeit besonders an Aufmerksamkeit gewonnen. Der amerikanische Fernsehsender A&E konnte z.B. mit einer Spiele-Applikation auf Facebook die Bekanntheit seiner neuen Serie Parking Wars steigern (Kunz 2008, o.S.). Facebook-Nutzer konnten virtuelle Autos auf den Profilseiten anderer Freunde 'parken' und Falschparker mit Strafzetteln versehen. Das Widget wurde von Nutzern an deren Freunde weitergegeben. Innerhalb von knapp drei Monaten wurden mehr als 198.000 Nutzer angezogen, von welchen viele Wiederholungsspieler waren. Weiterhin wurden mehr als 45 Millionen Seitenaufrufe generiert (King 2008, o.S.).

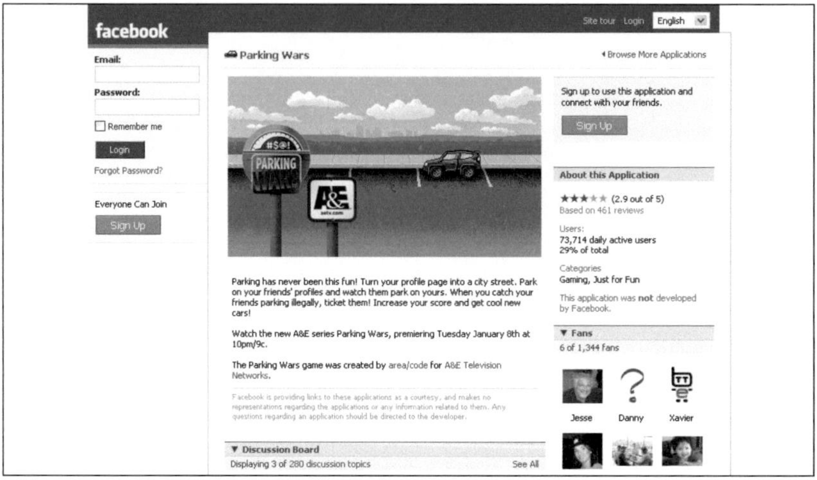

Abb. 3.10: *Parking Wars*-Widget auf Facebook
(http://www.facebook.com/applications/Parking_Wars/31435010008 (Stand: 22.03.2008))

Eine besonders schnelle und glaubwürdige Kommunikation wird durch virales Marketing garantiert, da Konsumenten dazu tendieren, die Botschaften von Freunden und Bekannten besonders zu beachten (Phelps et al. 2004, S. 334). Konsumenten übermitteln hierbei elektronisch Informationen an weitere Personen in ihrem sozialen Umfeld. Als Startpunkte sind deshalb insbesondere jene Nutzer interessant, die ein intensives Netzwerk unterhalten (Helm 2000, S. 159). Durch das direkte Versenden von Konsument zu Konsument steigt die Glaubwürdigkeit der Nachricht. So kann die Bekanntheit und das Wissen über Produkte und Dienstleistungen eines Unternehmens erhöht werden (Phelps et al. 2004, S. 334). Für den Erfolg einer viralen Marketingaktion ist allerdings eine kritische Masse von Nutzern notwendig, die für eine Bekanntheitssteigerung sorgt (Gladwell 2002, S. 32).

Dove nutzte virales Marketing und stellte 2006 einen Clip online, der die Verwandlung einer unauffälligen Frau zu einem Model mittels Styling und Computermanipulation zeigte, um darzustellen, wie bei Beauty Kampagnen nachgeholfen wird (De Ruyck et al. 2007, S. 4). Ziel des Clips war es, die Bekanntheit der Seite campaignforrealbeauty.ca zu steigern und Mütter, Mentoren und weibliche Vorbilder anzusprechen (Dove 2007, o.S.; De Ruyck et al. 2007, S. 4). In kürzester Zeit wurde der Clip mittels viralem Marketing verbreitet (High, Morrissey und Parpis 2007, o.S.) und bis heute auf YouTube über 15 Millionen Mal angeschaut[29] bevor er für kurze Zeit im TV lief. 2007 wurde der Spot mit dem Cannes Lion Grand Prix in den Kategorien Film und Cyber ausgezeichnet (Ogilvy 2007, o.S.). Dieses weißt deutlich auf die steigende Bedeutung der konsumentengetriebenen Distribution von Clips im Internet hin (High, Morrissey und Parpis 2007, o.S.).

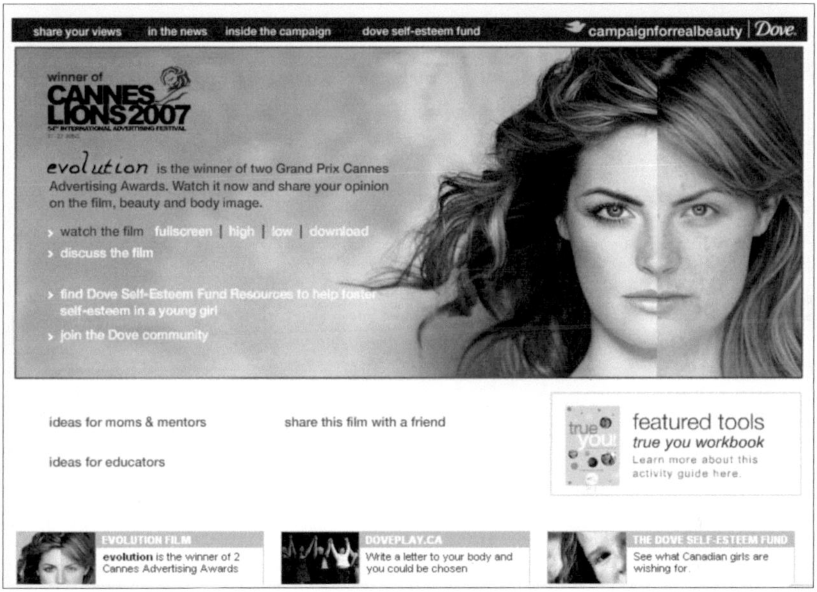

Abb. 3.11: Virales Marketing – Dove evolution
(http://www.campaignforrealbeauty.ca/flat2.asp?id=7134 (Stand: 03.03.2008))

Auch Volkswagen nutzte virales Marketing und ließ die deutschlandweit bekannte, fiktionale Figur „Horst Schlämmer" über den Weg zum Führerschein bloggen Das genutzte Fahrschulauto war hier ein VW Golf, der mit dieser Kampagne beworben werden sollte. Der Videoblog und angegliederte Medien wurden durch virales Marketing schnell verbreitet (o.V. 2007, o.S.). Mittels verschiedener Medienformate[30] konnten Konsumenten Horst Schlämmer auf dem Weg zum Führerschein begleiten. Durch den

---

[29] Zahl basiert auf eigener Recherche auf YouTube.com durch Suche nach Videos mit dem Titel „Dove Evolution" (Stand: 16.02.2008).

[30] Die Kampagne wurde online durch Blogs, Online-Magazine, Videoseiten und in Podcasts sowie offline durch Zeitungen, Magazine und Fernsehberichterstattung verbreitet. Abgerundet wurde sie durch einen Film und eine Mailing-Aktion.

Medien-Mix sollten die Konsumenten gezielt auf emotionalem Wege angesprochen werden. Durch den Blog war es auch möglich, mit Horst Schlämmer zu kommunizieren und so an dem Abenteuer teilzuhaben. Nach Abschluss der Kampagne wurde eine Webseite erstellt, auf der die gesamte Aktion dokumentiert wurde (o.V. 2007, o.S.). Als Resultat wurden 4,3 Millionen Seitenaufrufe und 4,7 Millionen Video-Downloads innerhalb der ersten zwei Monate erzielt. Der Horst Schlämmer-Podcast stand weiterhin auf Platz eins der deutschen Podcast Charts und der entsprechende Blog auf Platz zwei der deutschen Blog Charts (o.V. 2007, o.S.).

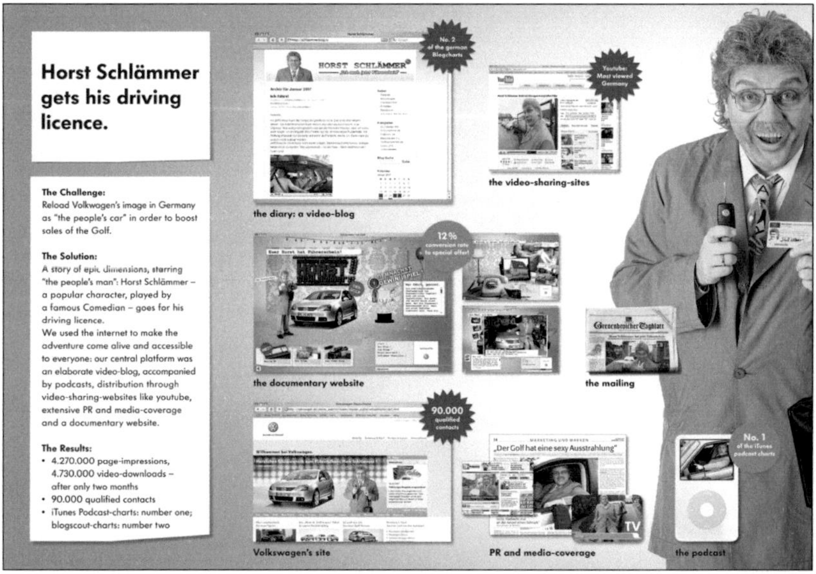

Abb. 3.12: Zusammenfassung der Horst Schlämmer-Kampagne
(Von Wageningen 2007, o.S.)

Web 2.0 und die Aktivität der Nutzer machen es aber auch notwendig, dass im Rahmen der Unternehmenskommunikation Einträge in unternehmensfremden Blogs und Communities beobachtet werden. Dieses kann mithilfe herkömmlicher Blogsuchmaschinen geschehen. Technorati bietet hierfür die so genannte „Watchlist“ an, bei der man regelmäßig über Neuerungen zu selbst gewählten Themen oder Stichwörtern informiert wird. Wie man aus den Beispielen von Jamba und Kryptonite[31] sehen konnte, ist eine beson-

[31] S. Kapitel 3.1.

ders schnelle und ehrliche Reaktion wichtig, bei der entsprechende Mitarbeiter oder sogar der CEO auf die Anschuldigungen antworten, dabei aber ihre wahre Identität preisgeben.

3.1.5 Distribution

Distribution umfasst jene Aktivitäten, die das Produkt dem Zielmarkt zur Verfügung stellen (Kotler und Armstrong 2004, S. 56). Durch die Entwicklung des Internets und dessen zunehmende Nutzung als Absatzkanal lassen sich neue Herausforderungen identifizieren. Da sich Konsumenten zunehmend online an der Gestaltung von Produkten und Dienstleistungen beteiligen, müssen Unternehmen einen direkten Kanal zu ihren Konsumenten herstellen (Wind und Rangaswamy 2001, S. 24).

E-Commerce bietet noch weiteres Potenzial. Besonders wichtig ist der Aufbau von Vertrauen (Lee und Turban 2000, S. 75). Durch die Anonymität des Internets wird ein opportunistisches Handeln aller Beteiligten begünstigt, was zu einer Wahrnehmung des Internets als „weitgehend rechtsfreien Raum" führt (Hummel 2005, S. 22 ff.). Konsumenten wollen die gleiche Unterstützung, die ihnen im klassischen Kaufumfeld geboten wird, jedoch kombiniert mit der Bequemlichkeit des Online-Handels (Holzwarth, Janiszewski und Neumann 2006, S. 19). Deshalb sollte das Fehlen sozialer Interaktion kompensiert werden (Barlow, Siddiqui und Mannion 2004, S. 158), z.B. durch eine angenehme und unterhaltsame Atmosphäre, die das Kaufverhalten positiv beeinflussen kann (Childers et al. 2001, S. 527). Ein weiteres Problem besteht in der großen Auswahl von Produkten. Auch wenn diese von den Kunden gewünscht wird, können diese durch ein zu großes Angebot überwältigt, ja sogar überfordert, werden (Brynjolfsson, Hu und Smith 2006, S. 69). Der Suchprozess sollte daher durch geeignete Maßnahmen vereinfacht werden, so dass die Konsumenten ohne allzu großen Aufwand ihre gewünschten Produkte finden können.

Web 2.0 bietet Möglichkeiten dafür, Bedürfnisse und Wünsche der Kunden gezielt zu beantworten und Hemmschwellen gegenüber dem Online-Handel abzubauen (Rudolph, Emrich und Meise 2007, S. 187). Die Integration sozialer Elemente[32] auf einer E-Commerce-Seite erzielt ähnliche Vorteile, wie sie durch die Kunden-Verkäufer-Interaktion

[32] Als vier soziale Elemente zählen hierbei Sprache, Stimme, soziale Rolle und Interaktivität (Wang et al. 2007, S. 148).

im traditionellen Handel entstehen (Wang et al. 2007, S. 154). Der Einsatz von Avataren und multimedialen Inhalten schafft Vertrauen und Nähe, da hierdurch gewisse Eigenschaften reeller Verkäufer in den virtuellen Raum transferiert werden (Holzwarth, Janiszewski und Neumann 2006, S. 19). Dafür spielen besonders die Attraktivität und Expertise des Avatars eine Rolle. Je höher die Ausprägung dieser Eigenschaften ist, desto glaubwürdiger wirken die Inhalte (Holzwarth, Janiszewski und Neumann 2006, S. 32). Hierdurch wird auch die steigende Nachfrage nach Unterhaltung und Information befriedigt (Barlow, Siddiqui, and Mannion 2004). Auf der Seite des Epson-Store können Kunden ihre Fragen an Wigald Boning richten. Der Comedian tritt auch als Testimonial in der Marketingkampagne des Unternehmens auf und stellt einen glaubwürdigen Produkttester dar (Epson 2007, o.S.). Durch diese Interaktionsmöglichkeit soll den Kunden die Navigation im Online-Store erleichtert werden. Auch Ikea nutzt eine virtuelle Beraterin, Anna, die auf die Fragen der Kunden antwortet. Im Gegensatz zu Wigald Boning ist Anna jedoch eine grafische Figur, die durch ihre Körpersprache sympathisch und menschlich wirkt. Weiterhin trägt sie charakteristische Ikea-Verkäufer-Kleidung.

Abb. 3.13: Beispiel für E-Commerce mit Avatar – IKEA
(http://www.ikea.com/de/de/ (Stand: 19.03.2008))

Eine gute Vertriebs-Webseite sollte auch den Kaufprozess erleichtern (Wang et al. 2007, S. 154). Mittels verschiedener Systeme, wie z.B. Suchmaschinen, Konsumenten-Rezensionen und Empfehlungssystemen[33] (Recommender Systems), können die Suchkosten der Nutzer reduziert werden (Fleder und Hosanagar 2007, S. 3; Anderson 2006, S. 55 f.). Auch Online Communities und Konsumenten-Blogs können Suchkosten minimieren, indem sie Produkte bewerten (Brynjolfsson, Hu und Smith 2006, S. 69). Derartige Systeme und Beurteilungen können Konsumenten auf Artikel hinweisen, die sie unter normalen Umständen vielleicht nicht gefunden oder gekauft hätten (Brynjolfsson, Hu und Smith 2006, S. 69). Auch auf der Seite von Amazon.com werden Empfehlungs-Algorithmen genutzt, um das Online-Geschäft für jeden Nutzer zu individualisieren (Linden, Smith und York 2003, S. 76). Die gezielte Empfehlung besonderer Artikel steigert dabei die Conversion- und Click-Through-Raten (Linden, Smith und York 2003, S. 76). Amazon nutzt hierfür einen „Item-to-Item Collaborative Filtering"-Ansatz[34], um qualitativ hochwertige Empfehlungen basierend auf einer großen Datenbasis in Echtzeit auszusprechen (Linden, Smith und York 2003, S. 76). Solche Empfehlungssysteme können einen derart hohen Einfluss haben, dass sogar vorher unpopuläre Artikel zu Bestsellern werden (Anderson 2006, S. 15 f.).

Web 2.0-Möglichkeiten können sogar als eigener neuer Vertriebskanal gesehen werden. Dieses trifft insbesondere auf Medienunternehmen zu (Huber und Möller 2008, S. 306 f.). Die Nachrichtenagentur Reuters unterhält einen eigenen Bereich auf YouTube, auf dem regelmäßig Nachrichtenclips zur Verfügung gestellt werden. Zusätzlich kann man Podcasts der Agentur abonnieren und sich durch die Blogs intensiver über bestimmte Themen informieren. Auch in der virtuellen Welt Second Life unterhält Reuters eine Präsenz, durch die ein Austausch mit der reellen Welt stattfinden soll (Reuters 2006, o.S.).

Second Life wird von mehreren Unternehmen als Vertriebskanal genutzt. Zum einen können in dieser Umgebung virtuelle Produkte vermarktet werden, die nur in Second Life zur Geltung kommen. Adidas begleitete die Produktlancierung des Schuhs Microrider mit einer Präsenz in Second Life. Hier konnte der Schuh virtuell erstanden werden, der die beworbenen Produkteigenschaften des reellen Modells in gesteigerter Form auf

[33] Für weitere technische Informationen s. Adomavicius und Tuzhilin (2005).
[34] Für weitere technische Informationen s. Linden, Smith und York (2003).

den Avatar übertrug. Dieser bekam dadurch einen federnden Schritt und eine verstärkte Sprungkraft. So sollten die Konsumenten auf eine spielerische Art besser über die neuen Produktfeatures informiert werden (Rivers Run Red 2007a, o.S.). Reebok hingegen nutzt Second Life auch für die Distribution reeller Produkte. In einer virtuellen Filiale können Konsumenten von Grundmodellen ausgehend einen eigenen Schuh individualisieren und diesen nicht nur für ihren Avatar, sondern auch mit einem Klick als reelles Modell erwerben (Rivers Run Red 2007b, o.S.). In den ersten zehn Wochen wurden mehr als 27.000 Paar digitaler Schuhe verkauft und die Präsenz in Second Life bedeutete eine Absatzförderung für das reelle Geschäft (Tedeschi 2007, o.S.).

Abb. 3.14: Reuters-Videokanal auf YouTube
(http://youtube.com/user/reutersvideo (Stand: 17.03.2008))

3.1.6 Kundenbindung

Nachdem Konsumenten als Kunden akquiriert wurden, ist die Pflege der Kundenbeziehung und die Kundenbindung ein weiterer wichtiger Schritt (Bruhn 2007, S. 9 f.). Der Schlüssel zu einer dauerhaften Beziehung zwischen Kunden und Unternehmen liegt darin, Zufriedenheit und einen überdurchschnittlichen Kundennutzen zu generieren, denn zufriedene Käufer verhalten sich eher loyal[35] und stellen somit einen Mehrwert für

[35] Marken- bzw. Produkttreue bezeichnet den wiederholten Kauf einer Marke bzw. eines Produktes. Diese Definition ist jedoch subjektiv, da nicht definiert wird, wie viele Käufe notwendig sind, damit ein Konsument als treu bezeichnet wird (Krober-Riel und Weinberg 2003, S. 405).

das Unternehmen dar (Kotler und Armstrong 2004, S. 17). Auf vielen Märkten gibt es heutzutage austauschbare Angebote, die geringe Qualitätsunterschiede aufweisen (Kroeber-Riel und Esch 2004, S. 24). Bei derartigen Produkten kommt es bei der Markenpolitik auf eine „psychologische Produktdifferenzierung" an, die neben dem funktionalen Produktnutzen emotionale Erlebnisse vermittelt (Kroeber-Riel und Weinberg 2003, S. 128). Diese positive emotionale Erfahrung mit einem Produkt oder einer Marke schafft wiederum eine Basis für Loyalität (Wright 2006, S. 20). Beim Einkaufen via Internet weisen Marken mit hoher Markenloyalität einen größeren Marktanteil auf (Danaher, Wilson und Davis 2003, S. 474). Deshalb ist es für die Absatzsicherung wichtig, Kundenloyalität zu schaffen und eine starke Marke aufzubauen.

Für die Kundenbindung sind der Aufbau und die Pflege einer stabilen Marke notwendig, so dass eine psychologische Differenzierung gegenüber anderen Marken und Produkten stattfindet. Da eine Marke ein Gesamteindruck ist, der auf den Konsumenten wirkt (Wright 2006, S. 42), kann durch die Nutzung von Web 2.0-Plattformen das junge, dynamische und innovative Image auf die Marke projiziert werden. Durch eine Öffnung des Unternehmens gegenüber den Konsumenten erscheint die Marke offener und ehrlicher. Denn erlaubt man den Konsumenten, einzelne Produkte zu bewerten oder Feedback in Kommentarform zu veröffentlichen, impliziert man als Unternehmen, dass man nichts zu verbergen hat. Die direkte Kommunikation mit den Konsumenten z.B. via Blogs führt zu einem erhöhten Vertrauen in das Unternehmen (Wright 2006, S. 27 f.).

Um Kundenbindung zu schaffen, sollte eine Marke emotionalisiert werden. Dies kann z.B. durch den Aufbau einer Brand Community geschehen. Eine Brand Community ist eine Gemeinschaft, die um eine Marke herum entsteht und hauptsächlich aus deren Bewunderern besteht (Muniz und O'Guinn 2001, S. 412). Die Mitglieder und ihre Gemeinschaft werden durch ein kollektives Bewusstsein, also eine intrinsische Verbundenheit untereinander bei gleichzeitiger Abgrenzung gegenüber anderen, durch gemeinsame Rituale und Traditionen sowie durch ein Gefühl der moralischen Verpflichtung gegenüber der Gemeinschaft charakterisiert (Muniz und O'Guinn 2001, S. 413). Zum Aufbau einer Brand Community eignen sich besonders Marken mit starkem Image und hoher Konkurrenz (Muniz und O'Guinn 2001, S. 415). Allerdings können auch Online Communities zu bestimmten Themen gegründet werden, in denen die Marke zwar präsent ist, aber in den Hintergrund tritt.

Durch den Aufbau einer Brand Community wird die Kommunikation zwischen Marke und Konsument, aber auch der Konsumenten untereinander gefördert. Neben Markenloyalität werden zusätzlich die wahrgenommene Qualität und die Markenbekanntheit erhöht (Muniz und O'Guinn 2001, S. 427). Eine Brand Community eröffnet grundsätzlich einen neuartigen, effektiven und viralen Ansatz, eine Marke in einem unempfänglichen Marketingumfeld aufzubauen (Algesheimer, Dholakia und Herrmann 2005, S. 32).

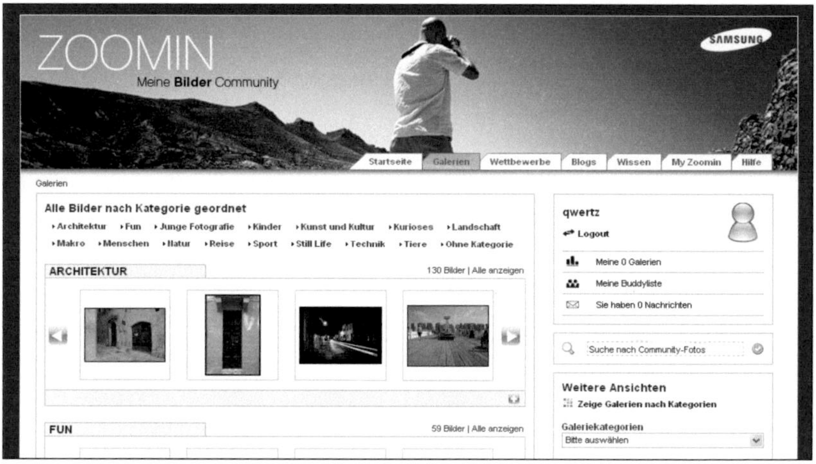

Abb. 3.15: Foto-Galerien auf der Samsung-Community Zoomin (http://zoomin.de/cms/index.php?id=13 (Stand: 17.03.2008))

Ein Beispiel hierfür ist Zoomin (www.zoomin.de), die Samsung Community rund um das Thema Fotografie. Hier können Mitglieder ihre Fotos hochladen, Verbindungen zu anderen Mitgliedern aufbauen, an Wettbewerben teilnehmen und sich über verschiedene Themen unterhalten. Durch eine Kooperation mit dem Stadtmagazin Prinz und der Einbindung von Google Maps bzw. Google Earth können die Nutzer Städtetipps austauschen und ihre Urlaubsfotos mit Geodaten versehen (Samsung 2008, o.S.). So kann Samsung Kunden und Konsumenten einen Mehrwert bieten, das Markenimage stärken und die Kunden über die reinen Produkte hinaus an das Unternehmen binden.

Da die Konsumenten nur begrenzt Zeit haben, sich zu engagieren, kann u.U. die notwendige kritische Masse für eine Brand Community, die in einem Mehrwert für den Nutzer resultiert, nicht erreicht werden. Damit würde die Brand Community unattraktiv bleiben (Kollmann und Stöckmann 2008, S. 40). Hier kann es sinnvoller sein, eine bestehende Community oder ein bestehendes soziales Netzwerk zu nutzen, die bei der Zielgruppe beliebt und verbreitet sind. Victoria's Secret (VS) präsentiert seine Serie Pink auf den populären amerikanischen Netzwerken MySpace und Facebook. Auf Facebook gehört die Gruppe VS Pink zu den beliebtesten Gruppen mit über 350.000 Mitgliedern (Merrick 2007, o.S.). Auf dieser Seite wird auf den VS Online-Store verwiesen, es werden Rabattaktionen geschaltet und Diskussionen angeregt (Merrick 2007, o.S.). Auch auf MySpace hat VS Pink ein Profil und über 200.000 Freunde. Hier kann man Goodies herunterladen, z.B. VS Pink MySpace-Designs und -Icons. Zudem gibt es verschiedene Links zu VS Pink-Seiten und einen Kommentarbereich, auf dem „Freunde" und Gäste Nachrichten hinterlassen können. So ermöglicht VS den Nutzern, sich mit der Marke zu identifizieren und sich sowohl untereinander als auch mit dem Unternehmen auszutauschen.

3.3 Risiken des Web 2.0 für Unternehmen

Die Nutzung von Web 2.0-Maßnahmen als Marketinginstrument birgt neben den Chancen jedoch vielfältige Risiken, die in den Entscheidungsfindungsprozess eines Unternehmens mit einbezogen werden sollten. Die im Folgenden besprochenen Risiken gelten meist plattformübergreifend und sind auf die Besonderheiten nutzergenerierter Inhalte zurückzuführen. Sie können in technische und Datenschutz-Risiken sowie Risiken durch die steigende Aktivität der Konsumenten unterteilt werden. Hinzu kommen jene Gefahren, die entstehen, wenn Unternehmen die Möglichkeiten des Web 2.0 unbedacht nutzen.

3.3.1 Technische und Datenschutz-Risiken

Technische und Datenschutz-Risiken beziehen sich sowohl auf externe Angriffe durch Hacker, Malware[36] oder Spam[37], als auch auf interne Risiken, die durch Mitarbeiter oder Haftungsrichtlinien entstehen. Für viele Web 2.0-Anwendungen müssen Nutzer persönliche Daten hinterlegen. Daher ist ein durchdachtes Datenschutzkonzept seitens des Unternehmens notwendig. Durch Web 2.0 können Netzwerke einem Risiko ausge-

[36] Malware, oder Malicious Software, ist eine Software mit bösartiger Absicht oder bösartiger Auswirkung. Unter diesen Überbegriff fallen Viren, Würmer, Trojaner und Spyware (Aycock 2006, S. 2).

[37] Spam ist ein Begriff, der unerwünschte Massennachrichten beschreibt (Aycock 2006, S. 1).

setzt sein (Gaudin und Greenemeier 2007, S. 38), denn Web 2.0-Services begünstigen Informationslecks und Malware (Mogull in: Grant 2007, S. 8). Hacker und Spammer können z.B. eigene Seiten in sozialen Netzwerken erstellen und durch diese die Seiten anderer Mitglieder mit einem bösartigen Code infizieren (Gaudin und Greenemeier 2007, S.38). MySpace war auf diese Art schon durch zwei Würmer[38], den Samy- und den Spaceflash-Wurm, betroffen (Brandel 2007, S. 28). Außerdem werden die Newsboards von Gruppen oder Nutzern häufig durch Spam-Accounts mit Werbenachrichten überladen.

Auch Plattformen zum Medienaustausch und Mashups eignen sich besonders als Multiplikatoren für Malware. Da auf derartigen Plattformen multimediale Inhalte besonders einfach hoch- und heruntergeladen und die Inhalte sorglos von Nutzern geöffnet werden, kann eine größere und schnellere Verbreitung der Viren stattfinden (Günter 2007, S. 147). Mashups weisen besondere Risiken auf, da die Applikation eines fremden Anbieters mittels API mit eigenen Inhalten verbunden wird. Einerseits können hierdurch Infektionen stattfinden, andererseits entsteht eine Abhängigkeit zum Anbieter, da man diesen nicht kontrollieren kann und er die Applikation nicht dauerhaft anbieten muss (Hommen 2007, S. 118).

IT-Manager sollten demnach geeignete Schritte unternehmen, damit Unternehmen und Konsumenten geschützt werden (Gaudin und Greenemeier, S. 38). Dateien müssen schon beim Upload gescannt werden, um sicherzustellen, dass kein schadhafter Code enthalten ist (Günter 2007, S. 147). Weiterhin ist zu beachten, dass Daten im Internet noch lange im Cache, also im Zwischenspeicher verschiedener Server, vorhanden sind und ältere Inhalte mit Hilfe spezieller Suchmaschinen, z.B. der Wayback Machine (archive.org) oder der Cache-Funktion bei Google, wieder aufgerufen werden können.

Intern besteht weiterhin eine Gefahr durch die Implementierung neuer Technologien für unternehmenseigene Webseiten. Insbesondere bei Ajax kann es bei Kunden zu Unzufriedenheit aufgrund technischer Inkompatibilität oder mangelnder Akzeptanz kommen. Nutzer können z.B. nicht mehr mittels des Zurück-Buttons im Browser auf den vorherigen Teilbereich einer Seite gelangen, was zu einem „Kontrollverlust des Informations-

[38] Ein Wurm ist vergleichbar mit einem Virus, der sich von Computer zu Computer über Netzwerke verbreitet (Aycock 2006, S. 15).

flusses“ führt (Beck 2007, S. 11). Zusätzlich besteht ein internes Risiko durch Urheberrechtsverstöße, wenn das Unternehmen Plattformen unterhält oder die Mitarbeiter im Web 2.0 aktiv sind. In Deutschland können die Betreiber eines Blogs oder einer Plattform für Urheberrechtsverstöße oder bestimmte Inhalte zur Verantwortung gezogen werden, auch wenn diese von externen Nutzern verfasst wurden (Lischka 2007a, o.S.). Diffamierungen und Copyright-Verletzungen stellen hier eine besondere Bedrohung dar (Brandel 2007, S. 28). Nutzen die Mitarbeiter Web 2.0-Anwendungen während ihrer Arbeit, haftet in diesem Zusammenhang das Unternehmen (Gaudin und Greenemeier 2007, S. 38). Die Nutzung von Web 2.0 durch Mitarbeiter kann auch Infektionen durch Malware begünstigen. Weiterhin sinkt durch eventuelle Ablenkung die Produktivität der Mitarbeiter (Gaudin und Greenemeier 2007, S. 38). Das Unternehmen sollte daher genaue Richtlinien für die Nutzung der eigenen Plattformen und des Web 2.0 durch Mitarbeiter aufstellen und sicherstellen, dass diese eingehalten werden.

3.3.2 Risiken durch steigende Aktivität der Konsumenten

Die Möglichkeit der Teilnahme von Konsumenten am Web 2.0 und an Marketingprozessen birgt weitere Gefahren für die Unternehmen. Im Allgemeinen werden eher negative Erfahrungen mit einem Produkt oder einem Unternehmen weitererzählt (Chatterjee 2001, S. 129). Durch die neuen Möglichkeiten des Web 2.0 können diese schneller publiziert und verbreitet werden, so dass sich im Internet rasche Unterstützung und ein machtvoller Verstärker finden (Hornig 2007, o.S.). Können Konsumenten auf unternehmenseigenen Blogs kommentieren, sind die Antworten nicht steuerbar und bergen somit ein gewisses Risiko. Hat ein Kunde z.B. Probleme mit einem Produkt und veröffentlicht diese, können andere Konsumenten dadurch vom Kauf abgeschreckt werden. Gleiches gilt auch für externe Blogs oder Bewertungsseiten, die nicht vom Unternehmen betrieben werden.

Obwohl Blogs oft als eine Form des Journalismus gelten, werden Blogger nicht für das Verbreiten von Unwahrheiten sanktioniert. Vermehrt veröffentlichen sie Nachrichten, welche die normale Presse nicht drucken würde (Lyons 2005, o.S.). Hierdurch steigt die Gefahr der Verbreitung von Unwahrheiten und Gerüchten. Weiterhin muss bei Blogs beachtet werden, dass sie auch für Konkurrenzunternehmen zugänglich sind. Diese könnten gezielt durch bestimmte Kommentare einen Blog sabotieren. Das größere Risiko besteht jedoch darin, dass Konkurrenzunternehmen die gleichen Quellen zur

Marktforschung anzapfen und auswerten können (Wright 2006, S. 21). Auch Brand Communities bieten Gefahren für eine Marke, z.B. wenn die Gemeinschaft ein neues Produkt oder eine Produktmodifikation ablehnt und diese Ablehnung durch ihre Kommunikationskanäle verbreitet. Weiterhin können Konkurrenten Mitglieder solcher Gemeinschaften werden und interne Informationen und die Kommunikation ausspionieren und sabotieren (Muniz und O'Guinn 2001, S. 427).

Zu bedenken ist, dass Seiten, auf denen Nutzer Produkte oder Inhalte bewerten können, manipulationsanfällig sind. Einerseits gibt es Programme, die Abstimmungen beeinflussen oder erleichtern und so eine bestimmte Bewertungsrichtung vorantreiben, wie sie das Unternehmen Collactive anbietet (Delaney 2007, o.S.; Lischka 2007b, o.S.). Andererseits können Programme auch gezielt Abstimmungen manipulieren. Entweder werden Nutzer dazu gebracht ungewollt für etwas abzustimmen, oder die Abstimmung erfolgt durch Computerprogramme, die wiederholt ihre Stimme abgeben (Delaney 2007, o.S.). In der Vergangenheit kam es so vermehrt zu Fällen, bei denen z.B. YouTube-Videos hoch positioniert wurden (Lischka 2007b, o.S.). Für Unternehmen entsteht hier die Gefahr, dass die eigenen Angebote bewusst sabotiert werden. Andererseits wurden diese Fälle oft rasch von Internetnutzern aufgedeckt (Lischka 2007b, o.S.), was Unternehmen davon abhalten sollte, Manipulationsversuche zu starten.

Nutzt man Open-Source-Marketing können Konsumenten kritische, falsche oder negative Informationen verbreiten. Bei der bereits vorgestellten Aktion von Chevy Tahoe wurden unternehmenskritische Clips produziert, die daraufhin in der Blogosphäre und auf Videoplattformen kursierten. Häufig prangerten die Clips die hohe Benzinverschwendung des SUV und die damit einhergehende Umweltverschmutzung an (Bosman 2006, o.S.). Das Unternehmen hatte vorab jedoch die kritischen Stimmen einkalkuliert und ließ die negativen Clips nicht entfernen (Bosman 2006, o.S.). Weiterhin stellte sich GM in seinem eigenen Blog den Kommentaren der Nutzer und strengte sich an, die Kritik der Konsumenten zu widerlegen. Ed Peper, General Manager von Chevrolet, erklärte später, dass eine eventuelle Zensur der negativen Spots zu einem Aufschrei in der Blogosphäre und schlechter Marken-PR geführt hätte (Peper 2006, o.S.). Kritische Beiträge sollten durch das Unternehmen nicht zensiert werden, da dies den Grundeigenschaften der Authentizität und Ehrlichkeit widersprechen würde. Besser ist es, die Gefahren als Chance zu begreifen, denn so kann das Unternehmen zeigen, dass es auf Konsumenten eingeht und ihre Meinung als wichtig erachtet.

3.3.3 Unbedachter Umgang mit Web 2.0

Während die steigende Aktivität der Konsumenten potenzielle Gefahren birgt, so können diese durch die unbedachte Reaktion von Unternehmen noch verschlimmert werden. Auf Unternehmensseite stellt die unvorsichtige Nutzung des Web 2.0 deshalb das größte Risiko für das Marketing dar. Schon bei der Wahl einer Web 2.0-Plattform sollte das Unternehmen prüfen, ob diese mit der Zielgruppe und dem Marken- bzw. Unternehmensimage kompatibel ist.

Unterhält ein Unternehmen einen Corporate Blog, muss ein erhöhter Zeitaufwand für die Pflege einkalkuliert werden. Kommentieren Konsumenten auf einer Plattform und geht das Unternehmen nicht auf sie ein, kann dies seinem Image schaden. Dieses ist selbst dann der Fall, wenn Konsumenten auf externen Plattformen Produkte oder Dienstleistungen kritisieren und die angesprochenen Unternehmen keine direkte Reaktion zeigen, so wie es bei Kryptonite der Fall war. Um schnell reagieren zu können, sollte ein Unternehmen alle Plattformen überwachen, auf denen Konsumenten Kritik üben können. Auf die Versuchung, anonym oder mit falscher Identität das Unternehmen zu verteidigen oder zu bewerben, sollte jedoch verzichtet werden. Wie im bereits besprochenen Fall von Jamba kann ein derartiges Verhalten schnell aufgedeckt werden, was auch der Kosmetikhersteller Coty bei einer Marketingkampagne feststellen musste.

Coty wollte die Möglichkeiten des Web 2.0 nutzen und startete eine verdeckte Kampagne, um seinen neuen Duft CK in2u zu promoten. Das Unternehmen etablierte eine „Blog-Soap" über verschiedene Web 2.0-Plattformen und ließ fiktive Charaktere auch Beiträge auf Blogs von Privatpersonen schreiben, ohne den werblichen Hintergrund zu offenbaren. Schon bald wurde die Kampagne von Bloggern enttarnt und führte zu einem Aufschrei der Empörung im Internet, der mit einem hohen Imageverlust für das Unternehmen einherging (Lischka 2007c, o.S.; Seidler 2007, o.S.). Die unaufrichtige Nutzung von Web 2.0-Plattformen wird häufig schnell entlarvt und entsprechend negativ bewertet.

Unternehmen sollten Beiträge und Kommentare der Konsumenten nur im Ausnahmefall zensieren. Hier sorgte ein Fall von NikeiD im Internet für Aufmerksamkeit. Jonathan Peretti, Student am MIT, gestaltete auf der Seite NikeiD seinen eigenen Schuh und wollte diesen mit dem Schriftzug „Sweatshop" versehen lassen. Nike lehnte die Produktion des Schuhs ab und Peretti trat darauf mit dem Unternehmen in Kontakt, da seines Erachtens der Begriff „Sweatshop“ gegen keine der Unternehmensrichtlinien[39] verstieß. Die Korrespondenz leitete Peretti an einige seiner Freunde weiter und stieß damit einen Schneeballeffekt an, der damit endete, dass die Nachricht von den Massenmedien aufgegriffen wurde (Peretti 2001, o.S.). Noch heute ist einer der Top-Links bei Google auf das Suchwort „NikeiD“ ein Beitrag über Peretti.

Dass die Verbreitung von Informationen im Internet nicht steuerbar ist, musste auch Starbucks erleben. Im August 2006 beauftragte das Unternehmen seine Angestellten damit, einen Coupon für einen kostenlosen geeisten Kaffee per E-Mail an Freunde und Bekannte zu verschicken (Horowitz et al. 2007, o.S.). Innerhalb kürzester Zeit wurde der Coupon überall in den USA via E-Mail, Blogs und Webseiten zugänglich gemacht (Allison 2006, o.S.). Starbucks erklärte daraufhin diese Gutscheine für ungültig und akzeptierte sie nicht weiter in seinen Läden (Starbucks 2006, o.S.). Das Konkurrenzunternehmen Caribou Coffee machte sich die Aufmerksamkeit zu Nutze und akzeptierte die verfallenen Gutscheine für eigene Produkte (Svaldi 2006, o.S.). Starbucks wurde für diese Aktion mit dem „CNN Dumbest Moment, Marketing“ ausgezeichnet (Horowitz et al. 2007, o.S.).

Durch eine unbedachte Nutzung der Web 2.0-Plattformen entsteht auch die Gefahr der Ressourcenverschwendung. Behandelt ein Unternehmen die Möglichkeiten des Web 2.0 wie ein konventionelles Marketinginstrument, kann der Erfolg ausbleiben. Traditionelle Werbespots, die auf YouTube eingestellt werden, haben nicht den gleichen Anreiz wie speziell auf das Internetpublikum ausgerichtete Clips. Kurzum, wird kein Mehrwert für den Nutzer generiert, so ist das Angebot für ihn nicht besonders interessant. Insbesondere von der Plattform Second Life ziehen sich einige Unternehmen inzwischen zurück (Eric Reuters 2007, o.S.), während andere ihre Präsenz dort trotz der Rückschläge wahren (Rose 2007, o.S.). Viele Firmen etablierten sich in der virtuellen Welt, um die neuen Marketingmöglichkeiten zu nutzen und um dem Hype zu folgen. Hierfür gaben sie, je nach Umfang der Präsenz, zwischen zehntausend Dollar einmalig und einer halben Million Dollar jährlich aus. Trotz des Medienrummels haben sich die Erwartungen an Se-

---

[39] Die Richtlinien besagten, dass eine Bestellung nicht ausgeführt wird, wenn der personalisierte Schriftzug (1) Markennamen oder geistiges Eigentum von anderen enthält, (2) Namen von Athleten oder Teams, mit denen Nike nicht in Vertrag steht, umfasst, (3) leer gelassen wurde, (4) Schimpfwörter oder Slang enthält (Lara 2001, o.S.).

cond Life als Marketinginstrument bisher kaum erfüllt, denn nur wenige Nutzer verwenden die Unternehmensangebote in der virtuellen Welt (Rose 2007, o.S.). Der Second Life-Gründer Rosedale sieht die Hauptschwierigkeit für das Marketing in der relativ geringen Anzahl von Nutzern, die sich für die Vermarktung vieler realer Produkte nicht eignet (in: Stöcker 2008, o.S.). Zahlreiche Unternehmen haben hier Ausgaben getätigt, ohne dafür einen entsprechenden Nutzen zu erhalten.

Eine weniger direkte Gefahr entsteht durch das Ignorieren aufkommender Chancen im Web 2.0. Durch das Web 2.0 können Experimente von Konsumenten mit Produkten schneller verbreitet werden und so auf Nachahmung stoßen, wie im Falle von Cola Light. Konsumenten mischten Cola Light und Mentos, um durch die chemische Reaktion Fontänen auszulösen und stellten die Ergebnisse auf verschiedenen Plattformen online. Die Videos verbreiteten sich schnell im Internet und wurden in Fernsehshows und Zeitungen präsentiert (EepyBird 2008, o.S.). Coca-Cola distanzierte sich jedoch von den Fontänen, da diese nicht zur Markenpersönlichkeit passten, obwohl der Marketingwert des Phänomens auf zehn Millionen Dollar geschätzt wurde (Stöcker 2006, o.S.). Erst als Michael Donnelly als neuer „Head of Interactive Marketing“ bei Coca-Cola anfing, sponserte das Unternehmen gemeinsam mit Mentos einen Video-Wettbewerb auf Google Video (Rose 2007, o.S.).

4. Handlungsleitlinien für Unternehmen

Damit Unternehmen die für ihre Zielsetzung am besten geeignete Art der Web 2.0-Präsenz identifizieren können, bietet sich eine systematische Vorgehensweise an, die im Folgenden skizziert werden soll (s. Abb. 4.1).

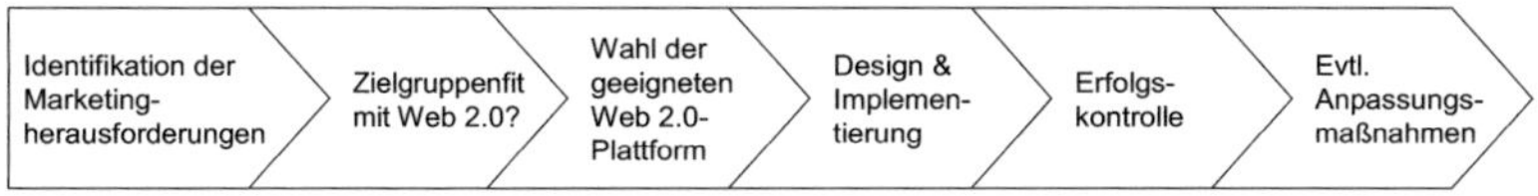

Abb. 4.1: Entscheidungsprozess für Unternehmen

Zunächst müssen Unternehmen die Marketingherausforderungen identifizieren, die sie mittels Web 2.0 adressieren wollen. Hierzu kann die systematische Untersuchung entlang eines Marketingprozesses hilfreich sein. Danach muss geprüft werden, ob die relevanten Zielgruppen mit der Nutzergruppe der Web 2.0-Anwendung übereinstimmen. Möchte ein Unternehmen z.B. weitere Informationen über die Nutzergruppe der über 60-Jährigen Frauen erfahren, so wären hier andere Möglichkeiten zu bevorzugen. Hat man beide Punkte geprüft, müssen nun die geeigneten Web 2.0-Plattformen und -Services ausgewählt werden. Einerseits ist die Selektion der idealen Anwendung von der Marketingherausforderung abhängig zu machen. Andererseits müssen Branchenbesonderheiten und die Eigenschaften der einzelnen Plattformen und Services beachtet werden. Nach dem Design und der Implementierung, bei der sich insbesondere die Frage nach dem Aufbau einer eigenen Präsenz oder der Nutzung bereits bestehender Plattformen stellt, soll das Ergebnis kontrolliert werden. Durch die kontinuierliche Messung von Nutzerzahlen, Aufenthaltsdauer, Nutzeraktivität und weiterer Kennzahlen soll geprüft werden, ob die Web 2.0-Präsenz erfolgreich ist und den gewünschten Nutzen erbringt. Ist dies nicht der Fall, müssen evtl. Anpassungsmaßnahmen vorgenommen werden. Im extremsten Fall sollte die Präsenz wieder vom Netz genommen werden.

Eine Betrachtung der Branchenbesonderheiten ist notwendig, da diese maßgeblich die Wahl der geeigneten Plattform oder Anwendung beeinflussen. Web 2.0-Anwendungen und -Features haben für verschiedene Branchen unterschiedliche Vor- und Nachteile. Hierbei hängt viel davon ab, ob das Produkt eher emotionale oder rationale Bedeutung für den Konsumenten besitzt. Auch das Image einer Anwendung oder eines Features kann für oder gegen die Nutzung durch ein Unternehmen sprechen. Um diese Punkte besser zu untersuchen, soll ihre Eignung für zwei gegensätzliche Branchen, Finanzdienstleistung und Konsumgüter, betrachtet werden. Konsumgüter sind Produkte und Services, die vom Endverbraucher erstanden werden und dem persönlichen Konsum dienen (Kotler und Armstrong 2004, S. 280). Für die folgende Betrachtung soll insbesondere der Bereich der schnell drehenden Konsumgüter betrachtet werden, deren Markt sich durch viele Konkurrenz- bzw. Substitutionsprodukte und ein niedriges Involvement der Kunden auszeichnet. Im Bereich der Finanzdienstleister soll davon ausgegangen werden, dass die Produkte differenzierter sind und den Kunden oft individuell angeboten werden. Bei der Kaufentscheidung spielen hier Fakten und Informationen eine größere Rolle. In Tabelle 4.1 bzw. 4.2 werden die Vor- und Nachteile von Web 2.0-Anwendungen und -Features für beide Branchen untersucht und auf Grund der Erkenntnisse Schlüsse über die jeweilige Brancheneignung der Plattformen und Services gezogen.

Web 2.0-Anwendung	Finanzdienstleistungen			Konsumgüter			prinzipiell geeignet für
	Vorteile	Nachteile	Fazit	Vorteile	Nachteile	Fazit	
Blog	- Übermittlung von Fakten - authentischer & ehrlicher Charakter - Dialog mit Konsumenten - verschiedene Themenmöglichkeiten	- hoher zeitlicher Aufwand - strenge legale Richtlinien - evtl. mangelndes Interesse an Kundenseite - "unpersönliches" Image	sehr gute Eignung aufgrund seriösen Charakters	- Übermittlung von Fakten - Dialog mit Konsumenten - Marktforschung - Konsument fühlt sich integriert und wichtig genommen	- hoher zeitlicher Aufwand - fehlendes Involvement der Kunden - nicht emotional genug	gute Eignung zur Kommunikation	- alle Unternehmen - insb. Produkte mit hohem Informationsbedarf und Involvement
Online Communities/ Soziale Netzwerke	- direkter individueller Austausch mit Kunden - Kommunikation der Kunden untereinander - Marktforschung - verschiedene Themenmöglichkeiten - Imageaufbau/-wahrung	- junge Zielgruppe - zeitaufwändig - Notwendigkeit der kritischen Masse	sehr gute Eignung zur Ansprache jüngerer Kunden und Bindung "exklusiver" Kunden	- Ansprache jüngerer Zielgruppen - schafft Bezug zur Marke/ zum Unternehmen - Marktforschung - veschiedene Themenmöglichkeiten - Spaß und Entertainment	- zeitaufwändig - Notwendigkeit der kritischen Masse - fehlendes Involvement der Kunden	- sehr gute Eignung bei Nutzung eines bestehenden Netzwerkes - kaum Eignung bei Aufbau eines eigenen Netzwerkes	- Unternehmen mit jungem Image - Produkte mit hohem Involvement - Unternehmen mit starken Marken - Unternehmen mit exklusiven Produkten
Podcasts	- verschiedene Themenmöglichkeiten - einfache Verteilung - seriöses Image	- geringe Akzeptanz im deutschen Raum - einseitiges Medium	gute Eignung zur Publikation von Informationen	- Entertainment (z.B. Musik) - einfache Verteilung - Ergänzung der Marke durch audio(-visuelle) Inhalte	- geringe Akzeptanz im deutschen Raum - einseitiges Medium	gute Eignung zur Publikation von Informationen/ Verbrauchertipps	- für alle Unternehmen
Virtuelle Welten/ Online-Spiele	- Erschließung neuer Geschäftsfelder - online Vertriebs mithilfe sozialer Elemente - hohes Interaktionspotenzial mit Kunden	- verspielter Charakter - begrenzte Kontrollmöglichkeiten - Zutrittsbarrieren für Konsumenten - rechtliche Beschränkungen	gute Eignung für "Massenmarkt"-Produkte	- Erschließung neuer Geschäftsfelder - zusätzlicher Vertriebskanal - hohes Interaktionspotenzial - Emotionalisierung und Erlebbarmachung der Marke - Co-Produktentwicklung mit Konsumenten	- hohe Zutrittsbarrieren für Konsumenten	sehr gute Eignung	- Unternehmen mit Produkten, die in virtueller Welt Bedeutung haben - insb. Unternehmen mit junger, technikaffiner Zielgruppe
Plattformen zum Austausch von Medien (Fotos, Videos, ...)	- Publikation von Vorträgen und Präsentationen - unterhaltsamer Content - Visualisierung des Unternehmens/ Unterstützung des Image	- statisch, einseitig - evtl. kein Zusatznutzen für Konsumenten	gute Eignung zur Publikation von Informationen	- Nutzung für virales Marketing - unterhaltsamer Content - Einbeziehung der Kunden durch Wettbewerbe/ UGC fördern - Unterstützung des Image - Open Source-Marketing	- statisch, einseitig - evtl. kein Zusatznutzen für Konsumenten	sehr gute Eignung	- alle Unternehmen - insb. Unternehmen mit emotionalen Produkten
Wikis	- zusätzliche Informationen über spezielle Themen - für den Kunden von den Kunden	- begrenzte Kontroll- und Eingriffsmöglichkeiten - geringe Motivation der Kunden, sich mit UGC zu beteiligen - geringe Seriösität	kaum geeignet, da sehr stark von UGC abhängig	- zusätzliche Informationen über spezielle Themen - für den Kunden von den Kunden	- begrenzte Kontroll- und Eingriffsmöglichkeiten - geringe Motivation der Kunden, sich mit UGC zu beteiligen - "schulisches" Image	kaum geeignet, da sehr stark von UGC abhängig	- Unternehmen, deren Produkte ein hohes Fachwissen erfordern

Tabelle 4.1: Eignung von Web 2.0-Anwendungen für verschiedene Branchen

Web 2.0-Feature	Finanzdienstleistungen			Konsumgüter			Plattform geeignet für
	Vorteile	Nachteile	Fazit	Vorteile	Nachteile	Fazit	
Folksonomy/ Tags	- Einbeziehung des Kunden - Erleichterung bei der Suche	- Manipulation - Überflutung durch Tags -fehlende Motivation für UGC	kaum geeignet	- Einbeziehung des Kunden - Erleichterung bei der Suche - Verwendungszweck der Produkte kann erweitert werden	- Manipulation - Überflutung durch Tags -fehlende Motivation für UGC	gute Eignung	Unternehmen mit breitem Produktportfolio
Bewertungen	- Einbeziehung des Kunden - Ehrlichkeit & Offenheit werden kommuniziert	- Bewertungen kompliziert, da Produkte komplex & individuell - Imageverlust	kaum geeignet	- Einbeziehung des Kunden - Relevanz für den Kunden - Ehrlichkeit & Offenheit werden kommuniziert - Marktforschung	- Imageverlust - Motivation für UGC hauptsächlich seitens der unzufriedenen Nutzer - Unternehmen muss reagieren	sehr gute Eignung	Unternehmen in Märkten mit vielen Konkurrenzprodukten
Mashups	- Integration zusätzlicher Funktionen - erweitertes Service-Angebot für die Kunden	- starke Abhängigkeit vom Anbieter der APIs - Gefahr zu viele Mashups anzubieten	gute Eignung	- Integration zusätzlicher Funktionen - erweitertes Service-Angebot für die Kunden	- starke Abhängigkeit vom Anbieter der APIs - Gefahr zu viele Mashups anzubieten	gute Eignung	alle Unternehmen
APIs/ Widgets	- eigene Services können auf anderen Webseiten eingebunden werden - Bekanntheitssteigerung	- Kontrollverlust - Manipulationsgefahr	gute Eignung	- eigene Services können auf anderen Webseiten eingebunden werden - Bekanntheitssteigerung - Spaß & Entertainment	- Kontrollverlust - Manipulationsgefahr	gute Eignung	alle Unternehmen
Avatare	- soziale Präsenz - Kommunikation mit dem Kunden - zusätzliche Erklärungen	- verspielter Charakter - evtl. von Kunden als störend empfunden	gute Eignung	- soziale Präsenz - zusätzliche Erklärungen - Entertainment - Nutzung der Spokesperson/ des Markencharakters	- evtl. von Kunden als störend empfunden	sehr gute Eignung	- Unternehmen mit komplizierten Produkten - E-Commerce-Unternehmen - Unternehmen mit emotionalen Produkten
RSS	- Push-Nachrichten - Konsument ist immer auf neuestem Stand - einfache Distribution	- evtl. Überflutung durch Nachrichten/ "Spam"-Charakter	sehr gute Eignung (essentiell für Blogs)	- ständige Push-Nachrichten für Konsumenten - Konsument ist immer auf neuestem Stand - einfache Distribution	- evtl. Überflutung durch Nachrichten/ "Spam"-Charakter - Unternehmens-"News" nicht ausreichend - fehlende Relevanz - fehlende Emotionalität	kaum geeignet (aber essentiell für Blogs)	- alle Unternehmen (Blog) -Unternehmen, deren Informationen für Kunden hohe Relevanz besitzen

Tabelle 4.2: Eignung von Web 2.0-Features für verschiedene Branchen

Welche Marketingmöglichkeiten sich aus dem Web 2.0 ergeben wird mit den entsprechenden Risiken zusammenfassend in Tabelle 4.3 dargestellt. Hat sich das Unternehmen für eine Web 2.0-Anwendung entschieden, so kann es diese auf verschiedene

Weise implementieren, da unterschiedliche Arten der Nutzung zur Wahl stehen. Anwendungsbeispiele hierfür sind in Abb. 4.2 gegeben.

Web 2.0-Plattform/ -Service	Marketingmöglichkeiten	Risiken
Blog	- Marktforschung - Kommunikation(Produktinformationen) - Kommunikation (Nachkaufmarketing) - Unternehmenskommunikation/ PR - Bildung Markenimage	- negative Kommentare - Konkurrenzunternehmen können auch für Marktforschung darauf zurückgreifen
Online Communities/ Soziale Netzwerke	- Marktforschung - Kommunikation mit Kunden - Integration des Kunden - Bildung Markenimage - Kundenbindung	- Malware/Viren - keine kritische Masse - Sabotage
Podcasts	- Kommunikation (Produktinformationen) - Unternehmenskommunikation/PR - Bildung Markenimage - Bekanntheitssteigerung	- geringe Akzeptanz
Virtuelle Welten/ Online-Spiele	- Marktforschung - Kommunikation mit Kunden - Integration des Kunden - Bildung Markenimage - Bekanntheitssteigerung - Distribution	- geringe Akzeptanz - Ausbleiben des gewünschten Erfolgs
Plattformen zum Austausch von Medien (Fotos, Videos, ...)	- Unternehmenskommunikation/PR - Kommunikation mit Kunden - Integration des Kunden	- Malware/Viren - negative Kommentare
Wikis	- Kommunikation (Produktinformationen) - Integration des Kunden	- keine Partizipation - falsche Einträge
Folksonomy/ Tags	- Marktforschung - Integration des Kunden - Suche erleichtern	- falsche Tags - Manipulation
Bewertungen	- Marktforschung - Bildung Markenimage	- negative Bewertungen - Sabotage
Mashups	- zusätzliche Services für Nutzer	- Malware/Viren - Abhängigkeit zum Betreiber
APIs/Widgets	- Bekanntheitssteigerung - zusätzliche Services für Nutzer	- möglicher Missbrauch
Avatare	- Distribution - Kommunikation	- geringe Akzeptanz
RSS	- Kommunikation	- erleichtert "Ideen-Klau"

Tabelle 4.3: Marketingmöglichkeiten und Risiken einzelner Plattformen

	Nutzung der Web 2.0-Möglichkeit	Mögliche Web 2.0-Unternehmen
Blog	- Aufbau eines eigenen Blogs (mittels Bloghost) - Blogmonitoring (mittels Blogsuchmaschine)	Blogger, WordPress, Technorati, Movable Type, Bloglines
Online Community/ Soziales Netzwerk	- Aufbau eines eigenen Netzwerks - Gruppe/Profil/Widget für bestehende Netzwerke entwerfen	facebook, myspace.com, studiVZ
Podcasts	- Produktion eines eigenen Podcasts - Sponsoring eines bestehenden Podcasts	iTunes
Virtuelle Welt/ Online-Spiel	- Aufbau einer Präsenz - Aufbau einer eigenen virtuellen Welt (z.B. eines virtuellen Unternehmens)	Second Life, World of Warcraft
Plattformen zum Austausch von Medien	- Aufbau einer eigenen Plattform - Kanal/Gruppe auf bestehender Plattform - Externe Plattform auf eigene Seite einbinden	YouTube, flickr, brightcove
Wikis	- Aufbau eines eigenen Wikis (mittels Host) - Monitoring von Wikipedia	Wikipedia, pbwiki, wetpaint
Tags/ Bewertungen	- Einbindung von Bewertungsmöglichkeiten/Tags auf eigene Seite - Einbindung bestehender Systeme	del.icio.us, digg

Abb. 4.2: Potenzielle Nutzung von Web 2.0-Möglichkeiten

5. Fazit und Ausblick

Web 2.0 ist aus dem Leben von Internetnutzern, Konsumenten und Unternehmen kaum noch wegzudenken. Auch wenn der Begriff durch Kontroversen begleitet wurde und keine klare Definition für Web 2.0-Inhalte besteht, so ist das Prinzip der Nutzerfreundlichkeit in den Internetalltag übergegangen und stellt eine Grundanforderung dar, an der sich Internetauftritte messen müssen. Durch die Analyse der Internetpräsenz der Interbrand Best Global Brands ließ sich ermitteln, dass Web 2.0 bereits von den Unternehmen vieler Branchen häufig genutzt wird, insbesondere von Computer- und Medien-Unternehmen, bei denen ein starker Zielgruppenbezug zum Internet herrscht. „Seriösere" Branchen, wie Luxusgüter und Finanzdienstleister, nutzen die Angebote nur zögerlich. Dennoch bietet Web 2.0 allen marketingtreibenden Unternehmen mannigfaltige Möglichkeiten, den wechselnden Trends auf Konsumentenseite zu begegnen und die Nutzer in verschiedene Marketingprozesse einzubeziehen. Durch eine geschickte Nutzung des Web 2.0 kann z.B. Trend- und Marktforschung betrieben und die Werberesistenz der Konsumenten durchbrochen werden.

Trotz der vielfältigen Einsatzmöglichkeiten ist die Anwendung des Web 2.0 nicht risikofrei, deshalb sollten Unternehmen ihren Eintritt genau planen. Die Einbeziehung der Nutzer sollte genauestens überprüft werden. Nur wenn ein Unternehmen sich vorher der Risiken bewusst ist und geeignete Schritte zu deren Minimierung einleitet, lassen sich die vorhandenen Gefahren der Web 2.0-Nutzung begrenzen. Falls ein Unternehmen die Möglichkeiten des Web 2.0 nicht aktiv nutzt, so sollte es doch verschiedene Plattformen überwachen, auf denen Konsumenten Kritik üben können. Nur auf diese Art ist es möglich, zeitnah auf Anschuldigungen zu reagieren und das eigene Unternehmen bzw. die eigene Marke gegebenenfalls vor einem Imageschaden zu bewahren.

Entschließt sich ein Unternehmen zur Nutzung des Web 2.0, sollte es die Inhalte und Formate auf dessen Anforderungen ausrichten. Denn nur wenn diese den Konsumenten einen Mehrwert bieten, werden sie von ihnen akzeptiert und weiterempfohlen. Sind die Grundvoraussetzungen erfüllt, können die Unternehmen neue Marketingmöglichkeiten nutzen, die bessere Ergebnisse als traditionelle Kampagnen erzielen können.

Eine Etablierung von Web 2.0-Maßnahmen muss nicht mit hohen Kosten verbunden sein. Durch die vielen kostengünstigen oder kostenlosen Services, die durch originäre

Web 2.0-Unternehmen angeboten werden, lassen sich z.B. mit einfachen Schritten eigene Blogs aufbauen und Videoplattformen nutzen. Auch zur Überwachung der Web 2.0-Plattformen sind grundsätzlich die freien Angebote im Internet ausreichend. Auf diese Weise wird das Web 2.0 für verschiedene Unternehmen attraktiv, unabhängig von ihrem Budget.

Man kann davon ausgehen, dass sich das rasante Nutzerwachstum für viele Web 2.0-Anwendungen in Zukunft abschwächen wird. Dennoch wird die Bedeutung der Web 2.0-Plattformen im Leben der Konsumenten eher zunehmen. Es ist deshalb unabdinglich für Unternehmen, sich mit diesem Thema auseinanderzusetzen. Web 2.0 erfordert ein Umdenken auf Seiten des Marketing. Wo dieses stattfindet und wo Unternehmen sich auf den Konsumenten als Mitarbeiter einlassen, können sie davon profitieren.

Bibliographie

Aaker, David A.; Kumar, V.; Day, George S. (1995): Marketing Research, 5th Edition, New York: John Wiley & Sons.

Abel (2008): Welcome to Our Sandbox, in: MySpace Developer Platform, 31. Januar, http://developer.myspace.com/Community/blogs/devteam/archive/2008/01/31/welcome-to-our-sandbox.aspx (Stand: 02.04.2008).

AC Nielsen (2007): Persönliche Erfahrung gefragt: Ergebnisse einer Online-Umfrage, in: Consumer Insights Germany 02_2007, http://de.acnielsen.com/pubs/documents/ACNielsenConsumerInsightsAusgabe2_2007.pdf, S. 2 (Stand: 24.01.2008).

Adomavicius, Gediminas; Tuzhilin, Alexander (2005): Toward the Next Generation of Recommender Systems: A Survey of the State-of-the-Art and Possible Extensions, in: IEEE Transactions on Knowledge and Data Engineering Vol. 17, No. 6 (June), S. 734-749.

Ahlers, Felix (2006): Mögen Sie eigentlich Paprika?, in: FRoSTA-Blog, 14. Juni, http://www.frostablog.de/blog/produkte/mgen-sie-eigentlich-paprika (Stand: 03.03.2008).

Ahlers, Felix (2007): Neues FRoSTA Gericht OHNE Paprika!, in: FRoSTA-Blog, 3. Mai, http://www.frostablog.de/blog/produkte/neues-frosta-gericht-ohne-paprika (Stand: 03.03.2008).

Alexa (2008): About the Alexa Traffic Rankings, in: Alexa – The Web Information Company, http://www.alexa.com/site/help/traffic_learn_more (Stand: 31.01.2008).

Algesheimer, René; Dholakia, Utpal M.; Herrmann, Andreas (2005): The Social Influence of Brand Community: Evidence from European Car Clubs, in: Journal of Marketing Vol. 69, No. 3 (July), S. 19-34.

Allison, Melissa (2006): Starbucks coupon gets out of hand, in: The Seattle Times, 31. August, http://seattletimes.nwsource.com/html/businesstechnology/2003236878_starbucks31.html (Stand: 19.02.2008).

Anderson, Chris (2006): The Long Tail: Why the Future of Business is Selling Less of More, New York: Hyperion.

Apel, Florian; Rentmeister, Jahn (2007): Zwischenbericht und Zusammenstellung der Indikatorwerte zum Breitbandatlas 2007_01: Atlas für Breitband-Internet des Bundesministeriums für Wirtschaft und Technologie, Rangsdorf: Plan Online GmbH.

Apple (2003): Technical Note TN1132: Version Territory, in: Apple Developer Connection, 25. August, http://developer.apple.com/technotes/tn/tn1132.html# VersionNumberScheme (Stand: 28.02.2008).

Apple (2008a): FAQs: for Podcast Fans, in: apple.com, http://www.apple.com/itunes/ store/podcastsfaq.html (Stand: 29.01.2008).

Apple (2008b): Tips for Podcast Fans, in: apple.com, http://www.apple.com/itunes/ store/podcaststips.html (Stand: 30.01.2008).

Apple (2008c): Tipps für Podcast Fans, in: apple.de, http://www.apple.com/de/itunes/ store/podcaststips.html (Stand: 30.01.2008).

Auchard, Eric (2007): Flickr to map the world's latest photo hotspots, in: Reuters.com, 19. November, http://www.reuters.com/article/technologyNews/idUSHO942339 20071119?pageNumber=1&virtualBrandChannel=0&sp=true (Stand: 20.03.2008).

Aycock, John (2006): Computer Viruses and Malware, New York: Springer.

Barger, Jorn (1999): Weblog resources FAQs, in: The Robot Wisdom pages, http://www.robotwisdom.com/weblogs/ (Stand: 12.11.2007).

Barlow, Alexis K.J.; Siddiqui, Noreen Q.; Mannion, Mike (2004): Developments in information and communication technologies for retail marketing channels, in: International Journal of Retail & Distribution Management Vol. 32, No. 3 (March), S. 157-163.

Bauer, Hans H.; Neumann, Marcus M.; Jöst, Christian (2004): Der Einsatz von Vertrauensintermediären im elektronischen Handel – eine experimentelle Untersuchung, in: Bauer, Hans H.; Rösger, Jürgen; Neumann, Markus M. (Hrsg.): Konsumentenverhalten im Internet, München: Verlag Franz Vahlen, S. 256-273.

Bauer, Hans H.; Rösger, Jürgen; Valtin, Alexandra (2004): Nutzenorientierte Markenführung im Internet, in: Bauer, Hans H.; Rösger, Jürgen; Neumann, Markus M. (Hrsg.): Konsumentenverhalten im Internet, München: Verlag Franz Vahlen, S. 298-312.

Bay, Lukas (2006): Millionengeschäft mit Weltschmerz und Bikini-Bildern, in: Spiegel Online, 21. Oktober, http://www.spiegel.de/unispiegel/studium/0,1518,439823, 00.html (Stand: 25.02.2008).

BBC (2007): High-tech ways to stay in touch, in: BBC News, 7. November, http://news.bbc.co.uk/2/hi/technology/7082566.stm (Stand: 22.02.2008).

Beck, Astrid (2007): Web 2.0: Konzepte, Technologie, Anwendungen, in: Beck, Astrid; Mörike, Michael; Sauerburger, Heinz (Hrsg.): HMD – Praxis der Wirtschaftsinformatik Nr. 255 (Juni), S. 5-16.

Bender, Gunnar (2008): Kundengewinnung und -Bindung im Web 2.0, in: Hass, Berthold H.; Walsh, Gianfranco; Kilian, Thomas (Hrsg.): Web 2.0: neue Perspektiven für Marketing und Medien, Berlin: Springer, S. 173-190.

Berners-Lee, Tim (2006): developerWorks Interviews, in: ibm.com, 28. Juni, http://www-128.ibm.com/developerworks/podcast/dwi/cm-int082206.txt (Stand 22. 12.2007).

Bernoff, Josh; Li, Charlene (2008): Harnessing the Power of Social Applications, in: MIT Sloan Management Review (Online Preview), 14. Februar, http://sloanreview.mit.edu/smr/issue/2008/spring/01/?display=print (Stand: 29.02. 2008).

Birchall, Jonathan (2007): Die Angst des Luxus vor dem Internet, in: Financial Times Deutschland Online, 2. Mai, http://www.ftd.de/karriere_management/management/: Die%20Angst%20Luxus%20Internet/190834.html (Stand: 10.10.2007).

Blizzard Entertainment (2005): Blizzard Entertainment® kündigt Erscheinungsdatum von World of Warcraft® in Europa an – 11. Februar, in: Blizzard Entertainment, 02. Februar, http://www.blizzard.de/press/050202.shtml (Stand: 20.03.2008).

Blizzard Entertainment (2008): World of Warcraft® reaches new milestone: 10 million subscribers, in: Blizzard Entertainment, 22. Januar, http://www.blizzard.com/press/ 080122.shtml (Stand: 31.01.2008).

BlogPulse (2005): FAQs, in: BlogPulse, http://blogpulse.com/about.html (Stand: 03.03.2008).

Blood, Rebecca (2004): How Blogging Software Reshapes the Online Community, in: Communications of the ACM Vol. 47, No. 12 (December), S. 53-55.

Bogner, Thomas (2006): Strategisches Online-Marketing, Wiesbaden: Deutscher Universitätsverlag.

Bosman, Julie (2006): Chevy Tries a Write-Your-Own-Ad Approach, and the Potshots Fly, in: NY Times Online, 4. April, http://www.nytimes.com/2006/04/04/business/media/04adco.html?_r=1&pagewanted=print&oref=slogin (Stand: 08.11.2007).

Boyd, Danah M.; Ellison, Nicole B. (2007): Social Network Sites: Definition, History, and Scholarship, in: Journal of Computer-Mediated Communication Vol. 13, No. 1 (October), S. 210-230.

Boyd, Danah (2008): Why Youth ♥ Social Network Sites: The Role of Networked Publics in Teenage Social Life, in: Buckingham, David (Ed.): Youth, Identity, and Digital Media, Cambridge: The MIT Press, S. 119-142.

Brandel, Mary (2007): Keeping Secrets in a WikiBlogTubeSpace World, in: Computerworld Vol. 41, No. 12 (März), S. 26-30.

Bray, Mike (2007): Application Programming Interface: Software Technology Roadmap, in: Carnegie Mellon Software Engineering Studio, 11. Januar, http://www.sei.cmu.edu/str/descriptions/api.html (Stand: 21.02.2008).

Bruhn, Manfred (2007): Kommunikationspolitik: Systematischer Einsatz der Kommunikation für Unternehmen, 4. Auflage, München: Verlag Franz Vahlen.

Brynjolfsson, Erik; Hu, Yu „Jeffrey"; Smith, Michael D. (2006): From Niches to Riches: Anatomy of the Long Tail, in: MIT Sloan Management Review Vol. 74, No. 4 (Summer), S. 67-71.

Bundesnetzagentur (2007): Tätigkeitsbericht 2006/2007 für den Bereich Telekommunikation, in: bundesnetzagentur.de, 4. Dezember, http://www.bundesnetzagentur.de/media/archive/12186.pdf (Stand: 26.01.2008).

Bundesnetzagentur (2008): Jahresbericht 2007, in: bundesnetzagentur.de, 2. April, http://www.bundesnetzagentur.de/media/archive/13212.pdf (Stand: 02.04.2008).

Candelon, François; Arie, Sam (2007): The Mobile Web: A Second Chance, in: BCG Opportunities for Action: Technology & Communications, Juli, http://www.bcg.com/publications/files/Mobile_Web_July_2007.pdf (Stand: 08.10.2007).

Cassidy, John (2006): Me Media: How hanging out on the Internet became big business, in: The New Yorker Vol. 82, No. 13 (May), S. 50 (Zugriff Online).

Cauberghe, Verolien; De Pelsmacker, Patrick (2006): Opportunities and Thresholds for Advertising on Interactive Digital TV: A View from Advertising Professionals, in: Journal of Interactive Advertising Vol. 7, No. 1 (Fall), S. 21-36.

Chatterjee, Patrali (2001): Online Reviews: Do Consumers Use Them?, in: Advances in Consumer Research Vol. 28, No. 1, S. 129-133.

Chevalier, Judith A.; Mayzlin, Dina (2006): The Effect of Word of Mouth on Sales: Online Book Reviews, in: Journal of Marketing Research Vol. 34, No. 3 (August), S. 345-354.

Childers, Terry L.; Carr, Christopher L.; Peck, Joann; Carson, Stephen (2001): Hedonic and utilitarian motivations for online retail shopping behaviour, in: Journal of Retailing Vol. 77, No. 4 (Winter), S. 511-535.

Cho, Chang-Hoan; Cheon, Hongsik John (2004): Why Do People Avoid Advertising on the Internet?, in: Journal of Advertising Vol. 33, No. 4 (Winter), S. 89-97.

Ciao (2008): Neu bei Ciao?, in: ciao.de, http://www.ciao.de/faq.php/Id/2/Idx/1 (Stand: 25.02.2008).

Clement, Michael; Papies, Dominik (2007): Podcasting, in: Bauer, Hans H.; Große-Leege, Dirk; Rösger, Jürgen (Hrsg.): Interactive Marketing im Web 2.0+: Konzepte und Anwendungen für ein erfolgreiches Marketingmanagement im Internet, München: Verlag Franz Vahlen, S. 335-346.

Coar, Ken (2006): The Open Source Definition, in: Open Source Initiative, http://www.opensource.org/docs/osd (Stand: 08.11.2007).

Cohen, Noam (2007): Whiting Out the Ads, but at What Cost?, in: The New York Times Online, 3. September, http://www.nytimes.com/2007/09/03/technology/03link.html?_r=2&oref=slogin&oref=slogin (Stand: 21.02.2008).

Danaher, Peter J.; Wilson, Isaac W.; Davis, Robert A. (2003): A Comparison of Online and Offline Consumer Brand Loyality, in: Marketing Science Vol. 22, No. 4 (Fall), S. 461-476.

Davenport, Thomas H.; Beck, John C. (2000): Getting the Attention You Need, in: Harvard Business Review Vol. 78, No. 5 (September/October), S. 118-126.

Darke, Peter R.; Ritchie, Robin J.B. (2007): The Defensive Consumer: Advertising Deception, Defensive Processing, and Distrust, in: Journal of Marketing Research Vol. 44, No. 1 (February), S. 114-127.

Delaney, Kevin J. (2007): Web Sites' Lists of 'Most Viewed' Too Easy to Game?, in: The Wall Street Journal, 15. Mai, http://online.wsj.com/article/SB117919015237802706.html?mod=googlenews_wsj (Stand: 20.02.2008).

Deli.cio.us (2008): deli.cio.us/about, in: deli.cio.us, http://del.icio.us/about/ (Stand: 30.01.2008).

De Ruyck, Tom; Van Belleghem, Steven; Disave, Severine; Schillewaert, Niels (2007): 'Evolution of Beauty': Dove Case Study – An applied buzz & brand activation research model, in: inSites White Paper Series, August, http://www.insites.eu/myDocuments/04/expertise/IS_2007_008_Evolution_of_Beauty_Dove_Case_Study.pdf (Stand: 16.02.2008).

Deutsche Blogcharts (2008): deutsche blogcharts, in: deutsche blogcharts, 27. Februar, http://deutscheblogcharts.de/ (Stand: 29.02.2008).

Deutsche Telekom (2008): HotSpot Standortpartner, in: T-Online, http://www.dsl.t-online.de/c/13/17/25/78/13172578.html (Stand: 26.01.2008).

Dictionary of Computing (2004): beta *Short for*, in: A Dictionary of Computing, Oxford: Oxford University Press (Zugriff Online).

Digg (2008): What is Digg?, in: Digg, http://digg.com/about (Stand: 25.02.2008).

Dove (2007): Dove Evolution Viral Film wins Film Grand Prix at Cannes Advertising Awards, in: Campaign for Real Beauty, 23. Juni, http://www.campaignforrealbeauty.ca/flat2.asp?id=7310 (Stand: 16.02.2008).

Dove (2008): About the Dove® Cream Oil Body Wash Ad Contest, in: msn.com, http://dovecreamoil.msn.com/ (Stand: 16.02.2008).

EepyBird (2008): EepyBird History – All the information you could want, in: EepyBird.com – Entertainment for the Curious Mind, http://eepybird.com/history.html (Stand: 19.02.2008).

Elliott, Michael T.; Speck, Paul Surgi (1998): Consumer Perceptions of Advertising Clutter and Its Impact across Various Media, in: Journal of Advertising Research Vol. 38, No. 1 (January/February), S. 29-41.

Elliott, Steward (2007): And the Winning Flavor Is…, in: The New York Times Online, 20. September, http://www.nytimes.com/2007/09/20/business/media/20adco.html?_r=1&oref=slogin (Stand: 18.03.2008).

Elsaeßer, Christine (2006): Stichwort: EU-Tabakwerberichtlinie, in: DW-World.de, 12. Dezember, http://www.dw-world.de/dw/article/0,2144,2266431,00.html (Stand: 12.03.2008).

Epson (2007): Epson wirbt weiter mit Wigald Boning, in: epson-presse.de, 15. Oktober, http://www.epson-presse.de/uploads/pics/epson_presse_4541.pdf (Stand: 19.03.2008).

Erber, Georg; Köhler, Thomas; Lattemann, Christoph; Preissl, Brigitte; Rentmeister, Jahn (2004): Rahmenbedingungen für eine Breitbandoffensive in Deutschland, Berlin: Deutsches Institut für Wirtschaftsforschung.

eRoi (2008): Kettle Foods: Passport to Flavor, in: eRoi.com, http://www.eroi.com/portfolio/web-design/kettle-foods-passport-to-flavor/ (Stand: 18.03.2008).

Evans, Philip (2007): The Python in the Garden, in: BCG Perspectives, 4. Mai, http://www.bcg.com/publications/files/435ThePythonintheGardenMay07.pdf (Stand: 08.10.2007).

Facebook (2007a): Facebook Platform Launches, in: Facebook Developers, 27. Mai, http://developers.facebook.com/news.php?blog=1&year=2007&month=5 (Stand: 19.03.2008).

Facebook (2007b): Platform High-Level Specifications, in: Facebook Developers, http://developers.facebook.com/specification.php (Stand: 19.03.2008).

Facebook (2008a): Company Timeline, in: Facebook Press Room, http://www.facebook.com/press/info.php?timeline (Stand: 24.02.2008).

Facebook (2008b): Product Overview, in: Facebook Press Room, http://www.facebook.com/press/product.php (Stand 24.02.2008).

Facebook (2008c): Facebook Factsheet, in: Facebook Press Room, http://www.facebook.com/press/info.php?factsheet (Stand: 31.01.2008).

Facebook (2008d): Facebook Statistics, in: Facebook Press Room, http://www.facebook.com/press/info.php?statistics (Stand: 19.03.2008).

Fischer, Tim E. (2006): Unternehmenskommunikation und Neue Medien: Das neue Medium Weblogs und seine Bedeutung für die Public-Relations-Arbeit, Wiesbaden: Deutscher Universitätsverlag.

Fleder, Daniel; Hosanagar, Kartik (2007): Blockbuster Culture's Next Rise or Fall: The Impact of Recommender Systems on Sales Diversity, Working Paper #07-10, The Wharton School University of Pennsylvania & NET Institute, September.

flickr (2008): About flickr, in: flickr, http://www.flickr.com/about/ (Stand: 25.02.2008).

Fittkau & Maaß Consulting (2007): Second Life – die aktiven Nutzer, in: w3b.org, Juni, http://www.w3b.org/trends/second_life.html (Stand: 31.01.2008).

Friedman, Wayne (2000): Nike picks up the pace in race to harness Web, in: Advertising Age Vol. 71, No. 10 (March), S. S4.

Garrett, Jesse James (2005): Ajax: A New Approach to Web Applications, in: adaptive path, 18. Februar, http://www.adaptivepath.com/ideas/essays/archives/000385.php (Stand: 26.01.2008).

Gaudin, Sharon; Greenemeier, Larry (2007): Amid the Rush to Web 2.0, Some Words of Warning, in: Information Week No. 1144, 28. Mai, S. 38.

Gebhardt, Markus (2007). Ajax als Schlüsseltechnologie des Web 2.0 – Asynchrone Browser-Server-Kommunikation in der Net Economy, in: Kollmann, Tobias; Häsel, Matthias (Hrsg.): Web 2.0: Trends und Technologien im Kontext der Net Economy, Wiesbaden: Deutscher Universitätsverlag, S. 121-141.

Gladwell, Malcom (2002): The Tipping Point: How Little Things Can Make a Big Difference, New York: Little, Brown And Company.

Golder, Scott A.; Huberman, Bernado A. (2006): Usage Patterns of Collaborative Tagging Systems, in: Journal of Information Science Vol. 32, No. 2 (April), S. 198-208.

Graft, Kris (2006): Sony Screws Up, in: Business Week Online, 19. Dezember, http://www.businessweek.com/print/innovate/content/dec2006/id20061219_590177.htm (Stand: 23.03.2008).

Graham, Jefferson (2006): Flickr of idea on a gaming project led to photo website, in: USA Today, 28. Februar, http://www.usatoday.com/tech/products/2006-02-27-flickr_x.htm# (Stand: 20.03.2008).

Grant, Ian (2007): Web 2.0 poses new threats to company data, in: Computer Weekly, 19. Juni, S. 8.

Grossman, Lev (2006): Time's Person of the Year: You, in: Time Magazine, Vol. 168, No. 26 (13 December), http://www.time.com/time/magazine/article/0,9171,1569514,00.html (Stand: 16.01.2008).

Günter, Mark (2007): Web Security 2.0, in: Kollmann, Tobias; Häsel, Matthias (Hrsg.): Web 2.0: Trends und Technologien im Kontext der Net Economy, Wiesbaden: Deutscher Universitätsverlag, S. 143-158.

Häagen-Dazs (2006): Create Your Own Sweet Ending, in: Dreyer's, Inc. Newsroom, http://www.dreyersinc.com/newsroom/PressReleases%5CDecember%2015,%202006-HD%20Scoop%20Final%20Release.pdf (Stand: 09.02.2008).

Häusler, Johnny (2004): Jamba Kurs, in: Spreeblick, 12. Dezember, http://www.spreeblick.com/2004/12/12/jamba-kurs/ (Stand: 25.02.2008).

Hansen, Ursula; Bode, Matthias (1999): Marketing & Konsum: Theorie und Praxis von der Industrialisierung bis ins 21. Jahrhundert, München: Verlag Franz Vahlen.

Hein-Behrens, Oliver (2007): "Die erste erfolgreiche Kommunikationsmaßnahme einer großen Marke im Web 2.0" – Interview mit Friedrich von Zitzewitz zum VW Golf/Horst Schlämmer-Blog (exklusiv), in: medienhandbuch.de, 08. März, http://www.medienhandbuch.de/prchannel/details.php?callback=index&id=10785 (Stand: 18.03.2008).

Helm, Sabrina (2000): Viral Marketing – Establishing Customer Relationships by 'Word-of-mouse', in: Electronic Markets Vol. 10, No. 3, S. 158-161.

High, Kamau; Morrissey, Brian; Parpis, Eleftheria (2007): Cannes: The 'Evolution' of Advertising, in: Adweek, 23. Juni, http://www.adweek.com/aw/national/article_display.jsp?vnu_content_id=1003602774 (Stand: 16.02.2008).

Hobson, Neville (2004): Blog vs. Forum: What's the Difference?, in: NevOn, 21. Oktober, http://www.nevon.net/nevon/2004/10/blog_vs_forum_w.html (Stand: 22.02.2008).

Holzwarth, Martin; Janiszewski, Chris; Neumann, Marcus M. (2006): The Influence of Avatars on Online Consumer Shopping Behavior, in: Journal of Marketing Vol. 70, No. 4 (October), S. 19-36.

Hommen, Nils (2007): Mashups und weborientierte Architekturen als Technologie-Trends des Web 2.0, in: Kollmann, Tobias; Häsel, Matthias (Hrsg.): Web 2.0: Trends und Technologien im Kontext der Net Economy, Wiesbaden: Deutscher Universitätsverlag, S. 103-120.

Hornig, Frank (2007): Das Mitmachnetz: Ein bunter, chaotischer Marktplatz, in: Spiegel spezial, Nr. 3 (Juni), S. 6 (Zugriff online).

Horowitz, Adam; Jacobson, David; McNichol, Tom; Thomas, Owen (2007): 101 Dumbest Moments in Business, in: CNN Money, http://money.cnn.com/galleries/2007/biz2/0701/gallery.101dumbest_2007/11.html (Stand: 19.02.2008).

Hotwire Ipsos (2006): Hotwire Ipsos Studie: Blogs beeinflussen Kaufentscheidungen, in: Ipsos Knowledge Center, 13. November, http://knowledgecenter.ipsos.de/downloads/KnowledgeCenter/67F6B1C4-CC4A-4636-A948-1860CB7A00B1/PI-Hotwire%20IPSOS_Blogs%20beeinflussen%20Kaufentscheidungen%20Nov-205.pdf (Stand: 31.01.2008).

Huber, Martin; Möller, Matthias (2008): Hybride Medienplattformen am Beispiel von myheimat.de, in: Hass, Berthold H.; Walsh, Gianfranco; Kilian, Thomas (Hrsg.): Web 2.0: neue Perspektiven für Marketing und Medien, Berlin: Springer, S. 305-319.

Hummel, Johannes (2005): Online-Gemeinschaften als Geschäftsmodell: Eine Analyse aus sozio-ökonomischer Perspektive, Wiesbaden: Deutscher Universitäts-Verlag.

Interbrand (2007): All Brands Are Not Created Equal: Best Global Brands 2007, http://www.ourfishbowl.com/images/surveys/Interbrand_BGB_2007.pdf (Stand: 10.10.2007).

Israel, Shel (2005a): Chapter 10—Doing it Wrong, in: Global Neighbourhoods: Social Media's impact on business & culture, 14. Juli, http://redcouch.typepad.com/weblog/2005/07/chapter_10doing.html (Stand: 01.03.2008).

Israel, Shel (2005b): Kryptonite Argues Its Case, in: Global Neighbourhoods: Social Media's impact on business & culture, 26. Juli, http://redcouch.typepad.com/weblog/2005/07/kryptonite_argu.html (Stand: 01.03.2008).

Ives, Nat (2008): Just in Case My Boss Asks Me During a Meeting, What Exactly Does 'Widget' Mean?, in: Advertising Age – Digital Issue, 17. März, http://adage.com/digital/article?article_id=125718 (Stand: 22.03.2008).

Jánsky, Sven Gábor (2007): Twinity ist Geschäftmodell der Zukunft, in: forward2business, http://www.forward2business.com/index.php?id=384 (Stand: 02.04.2008).

Jarvis, Jeff (2005): Dell lies. Dell sucks., in: BuzzMachine, 21. Juni, http://www.buzzmachine.com/archives/cat_dell.html (Stand: 19.02.2008).

Jarvis, Jeff (2007): Dell Learns to Listen, in: Business Week Online, 17. Oktober, http://www.businessweek.com/bwdaily/dnflash/content/oct2007/db20071017_277576.htm?chan=search (Stand: 19.02.2008).

Karlsson, Jonas (2008): Taking Care of Xerox Business – Virtually, in: Research Technology Management Vol. 51, No. 1 (January/February), S. 15-18.

Keller, Kevin Lane (2003): Brand Synthesis: The Multidimensionality of Brand Knowledge, in: Journal of Consumer Research Vol. 29, No. 2 (March), S. 595-600.

Keller, Kevin Lane (2004): Strategic Brand Management: Building, Measuring, and Managing Brand Equity, 2nd Edition, Upper Saddle River: Prentice Hall.

King, Rachael (2008): Building a Brand with Widgets, in: Business Week Online, 3. März, http://www.businessweek.com/print/technology/content/feb2008/tc20080303_000743.htm (Stand: 22.03.2008).

Kollmann, Tobias; Stöckmann, Christoph (2008): Diffusion von Web 2.0 Plattformen, in: Hass, Berthold H.; Walsh, Gianfranco; Kilian, Thomas (Hrsg.): Web 2.0: neue Perspektiven für Marketing und Medien, Berlin: Springer. S. 39-56.

Kotler, Philip (1986): The Prosumer Movement: A New Challenge for Marketers, in: Advances in Consumer Research Vol. 13, No. 1, S. 510-513.

Kotler, Philip; Armstrong, Gary (2004): Principles of Marketing, 10th Edition, Upper Saddle River: Pearson Education.

Kriaras, Ioannis N.; Jarvis, André W.; Phillips, Vincent E.; Richards, Derek J. (1997): Third-Generation Mobile Network Architectures for the Universal Mobile Telecommunications System (UMTS), in: Bell Labs Technical Journal Vol. 2, No. 3 (Summer), S. 99-117.

Krober-Riel, Werner; Esch, Franz-Rudolf (2004): Strategie und Technik der Werbung: Verhaltenswissenschaftliche Ansätze, 6. Auflage, Stuttgart: Verlag W. Kohlhammer.

Kroeber-Riel, Werner; Weinberg, Peter (2003): Konsumentenverhalten, 8. Auflage, München: Verlag Franz Vahlen.

Kunz, Ben (2008): Why Widgets Don't Work, in: Business Week Online, 3. März, http://www.businessweek.com/print/technology/content/feb2008/tc20080229_131531.htm (Stand: 23.03.2008).

Kushner, David (2006): Video blogs, ready for prime time, in: CNN Money, 27. April, http://money.cnn.com/magazines/business2/business2_archive/2006/05/01/8375939/ (Stand: 22.02.2008).

Lara, Adair (2001): An E-Mail Legend In His Own Time, in: San Francisco Chronicle, 22. März, http://www.sfgate.com/cgi-bin/article.cgi?file=/chronicle/archive/2001/03/22/DD122406.DTL (Stand: 19.02.2008).

Lee, Matthew K. O.; Turban, Efraim (2000): A Trust Model for Consumer Internet Shopping, in: International Journal of Electronic Commerce Vol. 6, No. 1 (Fall), S. 75-91.

Lego (2008): What is LEGO Factory?, in: LEGO Factory, http://factory.lego.com/getstarted/ (Stand: 18.03.2008).

Linden, Greg; Smith, Brent; York, Jeremy (2003): Amazon.com Recommendations: Item-to-Item Collaborative Filtering, in: IEEE Internet Computing Vol. 7, No. 1 (January/February), S. 76-80.

Linden Lab (2008a): What is Second Life?, in: Second Life, http://secondlife.com/whatis/ (Stand: 31.01.2008).

Linden Lab (2008b): Second Life Virtual Economy Key Metrics (BETA) Through December 2007, http://static-secondlife-com.s3.amazonaws.com/economy/stats_2007_final.xls (Stand: 31.01.2008).

Linden Research (2007): Metrics Glossary: Active Users, in: Second Life Wiki, 19. Dezember, http://wiki.secondlife.com/wiki/Metrics_Glossary (Stand: 18.02.2008).

Lischka, Konrad (2007a): Gnadenlose Richter gefährden Web 2.0 in Deutschland, in: Spiegel Online, 21. Juni, http://www.spiegel.de/netzwelt/web/0,1518,490006,00.html (Stand: 10.10.2007).

Lischka, Konrad (2007b): Betrug im Mitmachnetz: Die Bewertungssöldner kommen, in: Spiegel Online, 21. Mai, http://www.spiegel.de/netzwelt/web/0,1518,483930,00.html (Stand: 10.10.2007).

Lischka, Konrad (2007c): Fünf falsche Freunde, in: Spiegel Online, 5. April, http://www.spiegel.de/netzwelt/web/0,1518,475822,00.html (Stand: 19.02.2008).

Logos (2008): Community Price Pre-Pubs – You Set the Price!, in: Logos Bible Software, http://www.logos.com/communitypricing/about (Stand: 16.02.2008).

Lutz, Bob (2006): Stop Me If You've Heard This One Before…, in: GM FastLane Blog, 16. Februar, http://fastlane.gmblogs.com/archives/2006/02/stop_me_if_youv.html (Stand: 18.02.2008).

Lyons, Daniel (2005): Attack of the Blogs, in: Forbes.com, 14. November, http://www.forbes.com/forbes/2005/1114/128.html (Stand: 12.11.2007).

Maas, Marco (2007): Die Calvinisten (2) – in2Enttarnen, in: The Maastrix, 4. April, http://www.themaastrix.net/?p=689#more-689 (Stand: 19.02.2008).

Matthias, Torsten (2007): Marktforschung 2.0, in: FRoSTA-Blog, 17. Juni, http://www.frostablog.de/blog/rund-ums-blog/marktforschung-20 (Stand: 03.03.2008).

Maxwell PR (2006): PR-Driven WOM: Kettle Foods People's Choice Case Study, in: Free Think – a blog published by Maxwell PR, 17. November, http://www.maxwellpr.com/blog/archives/2006_11_01_archive.html (Stand: 18.03.2008).

Meffert, Heribert (2000): Marketing: Grundlagen marktorientierter Unternehmensführung Konzepte – Instrumente – Praxisbeispiele, 9. Auflage, Wiesbaden: Gabler.

Merholz, Peter (2002): Play With Your Words, in: peterme.com – Thoughts, links, and essays from Peter Merholz, 17. Mai, http://www.peterme.com/archives/ 00000205.html (Stand: 12.11.2007).

Merrick, Amy (2007): Pink Line Bolsters Victoria's Secret, in: The Wall Street Journal Blog, 3. Dezember, http://blogs.wsj.com/holidaysales/2007/12/03/pink-line-bolsters-victorias-secret/ (Stand: 17.02.2008).

Merrill, Duane (2006): Mashup: The new Breed of Web App, in: ibm.com, 16. Oktober, http://www.ibm.com/developerworks/xml/library/x-mashups.html (Stand: 30.01.2008).

Möller, Erik (2005): Die heimliche Medienrevolution – Wie Weblogs, Wikis und freie Software die Welt verändern, Hannover: Heise.

Muniz, Albert M. Jr.; O'Guinn, Thomas C. (2001): Brand Community, in: Journal of Consumer Research Vol. 27, No. 4 (March), S. 412-432.

MySpace (2008a): About Us, in: MySpace, http://www.myspace.com/index.cfm? fuseaction=misc.aboutus (Stand: 24.02.2008).

Nandan, Shiva (2005): An Exploration of the Brand Identity – Brand Image Linkage: a Communications Perspective, in: Brand Management Vol. 12, No. 4 (April), S. 264-278.

Nielsen//NetRatings (2007): 54% der Deutschen nutzen Web 2.0 Websites, in: Nielsen//NetRatings, 21. Mai, http://www.nielsen-netratings.com/pr/pr_070521 _DE.pdf (Stand: 14.10.2007).

Nielsen//NetRatings (2008a): Germany: Average Web Usage: Month of December 2007 Home Panel, in: Nielsen//NetRatings, http://www.nielsen-netratings.com/ resources.jsp?section=pr_netv&nav=1 (Stand: 31.01.2008).

Nielsen//NetRatings (2008b): Germany: Top 10 Parent Companies: Month of February 2008, Home/Work Panel, in: Nielsen//NetRatings, http://www.nielsen-netratings.com/reports.jsp?section=pub_reports_intl&report=parent&period=monthly &panel_type=4&country=Germany (Stand: 30.03.2008).

Nike (2007): New NIKEiD Studio Opens at Nike Town London Giving Consumers a Key to Unlock the World of Design, in: nikebiz.com, 1. November, http://www.nikebiz.com/media/pr/2007/11/01_nikeidlondon.html (Stand: 18.03.2008).

Oates, George (2007): Holy moly!, in: flickr Blog, 13. November, http://blog.flickr.net/en/2007/11/13/holy-moly/ (Stand: 25.02.2008).

OED (2005): wiki noun, in: Soanes, Catherine; Stevenson, Angus (Hrsg.): The Oxford Dictionary of English, revised edition, Oxford: Oxford University Press (Zugriff online).

Oetting, Martin (2006): Wie Web 2.0 das Marketing verändert, in: Schwarz, Thorsten; Braun, Gabriele (Hrsg.): Leitfaden integrierte Kommunikation, Waghäusel: Absolit Dr. Schwarz Consulting, S. 173-200.

Ogilvy (2007): Jede Menge Edelmetall für Ogilvy bei den Cannes Lions 2007, in: Ogilvy Newsline, http://www.ogilvy.at/index.php?id=72%20_top (Stand: 16.02.2008).

O'Reilly, Tim (2005): What is Web 2.0: Design Patterns and Business Models for the Next Generation of Software, in: O'Reilly.com, 30. September, http://www.oreillynet.com/pub/a/oreilly/tim/news/2005/09/30/what-is-web-20.html (Stand: 10.10.2007).

o.V. (2005): Bubble 2.0, in: The Economist Vol. 376, No. 8445, 24. September, S. 73-74 (Zugriff Online).

o.V. (2006): It's the Links, Stupid, in: The Economist Vol. 329, No. 8474, 22. April, S. 5-8 (Zugriff Online).

o.V. (2007): Schlaemmer's Quest, in: Cannes Lions Online – Media Lions Winners 2007, http://www.canneslionslive.com/media/win_4_1_01736.htm (Stand: 18.03.2008).

Owyang, Jeremiah (2008): Social Network Stats: Facebook, MySpace, Reunion (Jan, 2008), in: Web Strategy by Jeremiah, 9. Januar, http://www.web-strategist.com/blog/2008/01/09/social-network-stats-facebook-myspace-reunion-jan-2008/ (Stand: 19.03.2008).

Pagani, Margherita (2000): Interactive Television: A Model of Analysis of Business Economic Dynamics, in: International Journal on Media Management, Vol. 2, No. 1 (Spring), S. 25-37.

Peper, Ed (2006): Now that we've got your Attention, in: GM Fast Lane Blog, 6. April, http://fastlane.gmblogs.com/archives/2006/04/now_that_weve_g_1.html (Stand: 08.11.2007).

Peretti, Jonah (2001): My Nike Media Adventure, in: The Nation, 22. März, http://www.thenation.com/doc/20010409/peretti (Stand: 19.02.2008).

Perkins, Ed (2006): Dwindling name-your-own-price sites still yield some great deals, in: SFGate, 5. März, http://www.sfgate.com/cgi-bin/article.cgi?file=/chronicle/archive/2006/03/05/TRGRFHGH9C1.DTL (Stand: 13.03.2008).

Peterson, James S.; Tarallo, Joseph A. (2007): Wireless Technology Issue Overview, in: Bell Labs Technical Journal Vol. 11, No. 4 (Winter), S. 1-4.

Phelps, Joseph E.; Lewis, Regina; Mobilio, Lynne; Perry, David; Raman, Niranjan (2004): Viral Marketing or Electronic Word-of-Mouth Advertising: Examining Consumer Responses and Motivations to Pass Along Email, in: Journal of Advertising Research Vol. 44, No. 4 (December), S. 333-348.

Philips (2007a): Philips Design launches their Co-creation Experience in Second Life, in: Philips Design News Center, 19. Juni, http://www.design.philips.com/about/design/designnewscenter/news/article-15083.page (Stand: 12.03.2008).

Philips (2007b): Philips Design finds the key to understanding Virtual Worlds, in: Philips Design News Center, Oktober, http://www.design.philips.com/about/design/designnewscenter/news/second_life.page (Stand: 12.03.2008).

Philips (2008): Shaping real life in Second Life, in: Philips Company Profile, http://www.china.philips.com/mt_theme_2007_06_secondlife.page (Stand: 12.03.2008).

Piller, Frank (2005a): Lego bridges mass customization and open innovation with LEGO-Factory website: Children become toymakers and can design and produce sets of their dreams, in: Mass Customization & Open Innovation News, 30. August, http://mass-customization.blogs.com/mass_customization_open_i/2005/08/lego_factory_ch.html (Stand: 18.03.2008).

Piller, Frank (2005b): Lego Factory hacked by users – and the company loves it, in: Mass Customization & Open Innovation News, 1. November, http://mass-customization.blogs.com/mass_customization_open_i/2005/11/lego_factory_ha.html (Stand: 18.03.2008).

Polgreen, Lydia (2004): The Pen Is Mightier Than the Lock, in: The New York Times Online, 17. September, http://www.nytimes.com/2004/09/17/nyregion/17lock.html?_r=1&oref=slogin&pagewanted=print&position= (Stand: 01.03.2008).

Porter, Michael E. (2001): Strategy and the Internet, in: Harvard Business Review Vol. 79, No. 3 (March), S. 62-78.

ProgrammableWeb (2008): APIs – Most popular, in: programmleweb.com, http://www.programmableweb.com/apis/directory/1?sort=mashups (Stand: 30.01.2008).

Puri, Anjali (2007): The Web of Insights, in: International Journal of Market Research Vol. 49, No. 3, S. 387-408.

Reuters (2006): Reuters opens first ever virtual news bureau in online world – Second Life, in: Reuters – About Reuters, 16. Oktober, http://about.reuters.com/home/mediarelations/pressreleases/index.aspx?releaseid=2768 (Stand: 14.03.2008).

Reuters, Adam (2008): EXCLUSIVE – Rosedale to step down as Linden Lab CEO, in: Reuters Second Life News Center, 14. März, http://secondlife.reuters.com/stories/2008/03/14/exclusive-rosedale-to-step-down-as-linden-lab-ceo/ (Stand: 21.03.2008).

Reuters, Eric (2007): AOL leaves Second Life, in: Reuters Second Life News Center, 11. Dezember, http://secondlife.reuters.com/stories/2007/12/11/aol-leaves-second-life/ (Stand: 21.03.2008).

Rivers Run Red (2007a): Client: adidas – Project: Microride, in: riversrunred.com, http://www.riversrunred.com/admin/upload_images/insert_main_1030847589.pdf (Stand: 14.03.2008).

Rivers Run Red (2007b): Client: Reebok – Project: DJII, in: riversrunred.com, http://www.riversrunred.com/admin/upload_images/insert_main_1555346740.pdf (Stand: 14.03.2008).

Rösger, Jürgen; Herrmann, Andreas; Heitmann, Mark (2007): Der Markenareal-Ansatz zur Steuerung von Brand Communities, in: Bauer, Hans H.; Große-Leege, Dirk; Rösger, Jürgen (Hrsg.): Interactive Marketing im Web 2.0+: Konzepte und Anwendungen für ein erfolgreiches Marketingmanagement im Internet, München: Verlag Franz Vahlen, S. 93-112.

Rose, Frank (2007): How Madison Avenue Is Wasting Millions on a Deserted Second Life, in: Wired Online, 24. Juni, http://www.wired.com/techbiz/media/magazine/15-08/ff_sheep?currentPage=all (Stand: 21.03.2008).

RSS-Verzeichnis (2008): Einführung in RSS, in: RSS-Verzeichnis, http://www.rss-verzeichnis.de/einfuehrung.php (Stand: 22.03.2008).

Rudolph, Thomas; Emrich, Oliver; Meise, Jan Niklas (2007): Einsatzmöglichkeiten von Web 2.0-Instrumenten im Online-Handel und ihre Nutzung durch Konsumenten, in: Bauer, Hans H.; Große-Leege, Dirk; Rösger, Jürgen (Hrsg.): Interactive Marketing im Web 2.0+: Konzepte und Anwendungen für ein erfolgreiches Marketingmanagement im Internet, München: Verlag Franz Vahlen, S. 184-196.

Rumbo, Joseph D. (2002): Consumer Resistance in a World of Advertising Clutter: The Case of *Adbusters*, in: Psychology & Marketing Vol. 19, No. 2 (February), S. 127-148.

Samsung (2008): Samsung startet neue Foto-Community: www.zoomin.de, in: Samsung Cameras, 28. Februar, http://www.samsungcamera.de/index.php?id=2132 (Stand: 17.03.2008).

Sander, Ralf (2007): Web 2.0 – gern genutzt, aber was ist das?, in: stern.de, 20. Juni, http://www.stern.de/computer-technik/internet/:%0A%09%09stern.de-Studie%0A%09%09%09-Web-2.0--/591483.html (Stand: 15.01.2008).

Schau, Hope Jensen; Gilly, Mary C. (2003): We Are What We Post? Self-Presentation in Personal Web Space, in: Journal of Consumer Research Vol. 30, No. 3 (December), S. 385-404.

Schmidt, Jan (2006): Weblogs: Eine kommunikations-soziologische Studie, Konstanz: UVK Verlagsgesellschaft.

Schulzki-Haddouti, Christiane (2006): Hot Shots meiden Xing & Co., in: Spiegel Online, 20. Dezember, http://www.spiegel.de/wirtschaft/0,1518,455591,00.html (Stand: 25.02.2008).

Schwab, Rolf (2007): Entwicklung der ADSL-Endkunden-Preise im Vergleich zur nachgefragten Bandbreite – Kurzstudie für den VATM, April, http://www.vatm.de/content/studien/inhalt/13-06-2007.pdf (Stand: 11.03.2008).

Seidler, David (2007): Der Blogruf des Geldes, in: Spiegel Online, 14. Mai, http://www.spiegel.de/netzwelt/web/0,1518,482711,00.html (Stand: 19.02.2008).

Sifry, David (2007): The State of the Live Web, April 2007, in: Sifry's Alerts, 5. April, http://www.sifry.com/alerts/archives/000493.html (Stand: 31.01.2008).

Sixt, Konstantin (2007): Community Practices: From Forums to Social Networks – Carmondo (Vortrag auf der Web 2.0 Expo in Berlin), in: slideshare.net, 6. November, http://www.slideshare.net/guestf47502/carmondo-sixt (Stand: 03.03.2008).

Smith, J. Walker (2007): The Terror of Marketing: Happier, less annoyed people are better customers, in: Marketing Management Vol. 16, No. 3 (May/June). S. 72.

Starbucks (2006): Starbucks Response to Free Iced Coffee Email, in: Starbucks press room, 29. August, http://www.starbucks.com/aboutus/pressdesc.asp?id=691 &rumor=true&cookie%5Ftest=1 (Stand: 19.02.2008).

Stöcker, Christian (2005): Blogger heizen Jamba ein, in: Spiegel Online, 6. Januar, http://www.spiegel.de/netzwelt/web/0,1518,335622,00.html (Stand: 19.02.2008).

Stöcker, Christian (2006): Coca Cola mag Mentosfontäne nicht, in: Spiegel Online, 13. Juni, http://www.spiegel.de/netzwelt/web/0,1518,421135,00.html (Stand: 19.02.2008).

Stöcker, Christian (2007): Das Mitmachnetz: „Wir betreten eine neue Welt", in: Spiegel special Nr. 3 (Juni), S. 28 (Zugriff online).

Stöcker, Christian (2008): Interview with Second Life Founder Rosedale – 'Making it Crash Less Is our Number One Mission', in: Spiegel Online, 31. Januar, http://www.spiegel.de/international/world/0,1518,531700,00.html (Stand: 21.03.2008).

Stöckl, Ralph; Rohrmeier, Patrick; Hess, Thomas (2008): Why Customers Produce User Generated Content, in: Hass, Berthold H.; Walsh, Gianfranco; Kilian, Thomas (Hrsg.): Web 2.0: neue Perspektiven für Marketing und Medien, Berlin: Springer, S. 271-287.

Studiverzeichnis (2007): studiVZ Faktenblatt, in: studiVZ – das Studiverzeichnis, August, http://static.pe.studivz.net/lp/Svz/de/press/img/studiVZ-Faktenblatt.pdf (Stand: 25.02.2008).

Studiverzeichnis (2008): Wir sind viele! – studiVZ Ltd. in Zahlen und Fakten, in: studiVZ – das Studiverzeichnis, http://www.studivz.net/l/about_us/1/ (Stand: 19.03.2008).

Svaldi, Aldo (2006): Caribou pours it on, takes rival's coupon, in: denverpost.com, 5. September, http://www.denverpost.com/business/ci_4286893 (Stand: 19.02.2008).

Svensson, Alexander (2007): Die Calvinisten (1) – Fakeblogger und der Technosexuellen-Duft, in: Wortfeld, 4. April, http://www.wortfeld.de/2007/04/die_calvinisten_1/ (Stand: 19.02.2008).

Swedlow, Tracy (2000): Interactive Enhanced Television: A Historical and Critical Perspective, in: itvt.com, http://www.itvt.com/etvwp.pdf (Stand: 28.01.2008).

Tapscott, Don; Williams, Anthony D. (2006): Wikinomics: How Mass Collaboration Changes Everything, New York: Portfolio.

Technorati (2007): Welcome to Technorati, in: Technorati, http://www.technorati.com/about/ (Stand: 12.11.2007).

Technorati (2008a): Blogger Central/top 100 blogs, in: Technorati, http://www.technorati.com/pop/blogs/ (Stand: 29.02.2008).

Technorati (2008b): Blogger Central – Main, in: Technorati, http://www.technorati.com/blogging/ (Stand: 23.03.2008).

Tedeschi, Bob (2007): Awaiting Real Sales From Virtual Shoppers, in: The New York Times Online, 11. Juni, http://www.nytimes.com/2007/06/11/business/11ecom.html?_r=1&oref=slogin (Stand: 17.03.2008).

TNS Infratest (2007): Web 2.0: „Prosumenten” noch überwiegend passiv, in: TNS Infratest Presse, 26. November, http://www.tns-infratest.com/03_presse/presse/20071126_tns_infratest_web20prosumenten.pdf (Stand: 28.02.2008).

Toffler, Alvin (1981): The Third Wave, New York: Morrow.

Torrone, Phillip (2004): Kryptonite Evolution 2000 U-Lock hacked by a Bic pen, in: Engadget, 14. September, http://www.engadget.com/2004/09/14/kryptonite-evolution-2000-u-lock-hacked-by-a-bic-pen/ (Stand: 25.02.2008).

Van Eimeren, Birgit; Frees, Beate (2007): Internetnutzung zwischen Pragmatismus und YouTube-Euphorie, in: Media Perspektiven 8/2007 (August), S. 362-378.

Von Loewenfeld, Fabian (2006): Brand Communities: Erfolgsfaktoren und ökonomische Relevanz von Markengemeinschaften, Wiesbaden: Deutscher Universitätsverlag.

Von Wageningen, Marc (2007): Schlammer's Quest., in: directdaily – daily news about direct marketing & engaging advertising, 2. Dezember, http://directdaily.blogspot.com/2007/12/schlammers-quest.html (Stand: 18.03.2008).

Voß, Oliver (2007): „Spam ist eine Riesenschweinerei“ – Interview mit dem Medienwissenschaftler Norbert Bolz, in: Handelsblatt Nr. 100, 25. Mai, S. 17 (Zugriff Online).

Wang, Liz C.; Baker, Julie; Wagner, Judy A.; Wakefield, Kirk (2007): Can a Retail Web Site Be Social?, in: Journal of Marketing Vol. 71, No. 3 (July), S. 143-157.

Watts, Duncan J.; Hasker, Steve (2006): Marketing in an Unpredictable World, in: Harvard Business Review, Vol. 84, No. 9 (September), S. 25-30.

Wiedmann, Klaus-Peter; Langner, Sascha (2006): Open-Source-Marketing – Ein schlafender Riese erwacht, in: Lutterbeck, Bernd; Bärwolff, Matthias; Gehring, Robert A. (Hrsg.): Open Source Jahrbuch 2006: Zwischen Softwareentwicklung und Gesellschaftsmodell, Berlin: Lehmanns Media.

Wikipedia (2008a): Wikipedia: About, in: Wikipedia – The Free Online Enyclopedia, http://en.wikipedia.org/wiki/Wikipedia:About (Stand: 30.01.2008).

Wikipedia (2008b): Wikipedia: Size of Wikipedia, in: Wikipedia – The Free Online Encyclopedia, http://en.wikipedia.org/wiki/Wikipedia:Size_of_Wikipedia (Stand: 25.02.2008).

Williams, Ruth L.; Cothrel, Joseph (2000): Four Smart Ways to Run Online Communities, in: MIT Sloan Management Review Vol. 41, No. 4 (Summer), S. 81-91.

Wilson, Eric (2007): How to Bottle a Generation, in: The New York Times Online, 8. März, http://www.nytimes.com/2007/03/08/fashion/08CALVIN.html?pagewanted =2&_r=2 (Stand: 19.02.2008).

Wind, Jerry; Rangaswamy, Arvind (2001): Customerization: The Next Revolution in Mass Customization, in: Journal of Interactive Marketing Vol. 15, No. 1 (Winter), S. 13-32.

World of Warcraft (2008a): The World of Warcraft Community, in: World of Warcraft online, http://www.worldofwarcraft.com/community/ (Stand: 31.01.2008).

World of Warcraft (2008b): World of Warcraft Game Guide, in: World of Warcraft online, http://www.worldofwarcraft.com/info/ (Stand: 31.01.2008).

Wright, Jeremy (2006): Blog Marketing: The Revolutionary New Way to Increase Sales, Build Your Brand, and Get Exceptional Results, New York: McGraw-Hill.

Xing (2008a): Über uns, in: Xing – Unternehmen, http://corporate.xing.com/ (Stand: 25.02.2008).

Xing (2008b): Pressemitteilung: Xing AG mit über 5 Millionen Mitgliedern, in: Xing – Presse, 19. Februar, http://corporate.xing.com/no_cache/deutsch/presse/willkommen/ news-detailansicht/article/pressemitteilungbrxing-ag-mit-ueber-5-millionen-mitgliedern/138/87957d9fe6/ (Stand: 25.02.2008).

Xing (2008c): Pressemitteilung: XING meldet über 400.000 zahlende Kunden, in: XING – Presse, 28. Februar, http://corporate.xing.com/no_cache/deutsch/ presse/willkommen/news-detailansicht/article/pressemitteilung/6/9cd107481d/ (Stand: 19.03.2008).

Xing (2008d): Fakten und Zahlen, in: Xing – Investor Relations, http://corporate.xing.com/deutsch/investor-relations/basisinformationen/fakten-und-zahlen/ (Stand: 19.03.2008).

Yee, Nick (2005): WoW Basic Demographics, in: The Daedalus Project – The Psychology of MMORPGS, 28. Juli, http://www.nickyee.com/daedalus/archives/001365.php (Stand: 19.03.2008).

YouTube (2008a): About YouTube, in: YouTube, http://youtube.com/t/about (Stand: 25.02.2008).

YouTube (2008b): YouTube Fact Sheet, in: YouTube, http://youtube.com/t/fact_sheet (Stand: 25.02.2008).

Internetadressen:

www.alexa.com

www.amazon.com

www.archive.org

www.blog-frosta.de

www.blogger.com

www.bloglines.com

www.blogniscient.com

www.blogpulse.com

blogsearch.google.com

www.brightcove.tv

www.campaignforrealbeauty.ca

chevyapprentice.com

www.ciao.de

del.icio.us

digg.com

www.engadget.com

www.facebook.com

factory.lego.com

flickr.com

www.frosta.de

www.genios.de

www.kryptonite.com

www.meinvz.net

www.movabletype.org

www.myspace.com

www.passporttoflavor.com

pbwiki.com

www.priceline.com

www.programmableweb.com

www.robotwisdom.com

www.schuelervz.net

www.sixdegrees.com

www.spreeblick.com

www.studivz.net

www.technorati.com

www.wetpaint.com

www.wikipedia.org

wordpress.org

www.xing.com

www.youtube.com

www.zoomin.de

Anhang

Name	URL	Art der Web 2.0-Plattform	Gründer	Übernahme
Blogger	blogger.com	Blog (Erstellung & Hosting)	Pyra Labs (1999)	Google (2002)
MySpace	myspace.com	Soziales Netzwerk	Chris DeWolfe, Tom Anderson (2003)	News Corporation (2005)
Flickr	flickr.com	Austausch von Medien	Ludicorp	Yahoo (2005)
Del.icio.us	del.icio.us	Social Bookmarking	Joshua Schachter (2003)	Yahoo (2005)
Bloglines	bloglines.com	Blog (Suchmaschine)	Mark Fletcher (2003)	Ask Jeeves (2005)
YouTube	youtube.com	Austausch von Medien	Chad Hurley, Steve Chen	Google (2006)
Facebook	facebook.com	Soziales Netzwerk	Mark Zuckerberg, Dustin Moskovitz, Chris Hughes (2004)	1,6% durch Microsoft (2007)
StudiVZ	studivz.net	Soziales Netzwerk	Ehssan Dariani, Dennis Bemmann (2005)	Verlagsgruppe Holtzbrink (2007)
Wikipedia	wikipedia.org	Wiki	Jimmy Wales, Larry Sanger (2001)	keine Übernahme
Digg	digg.com	Social Content	Kevin Rose (2004)	keine Übernahme
Technorati	technorati.com	Blog (Suchmaschine)	Dave Sifry (2002)	keine Übernahme
Xing	xing.com	Soziales Netzwerk	Lars Hinrichs (2003)	keine Übernahme
Second Life	secondlife.com	Virtuelle Welt	Linden Lab (2003)	keine Übernahme

Tabelle A.1: Übersicht über ausgewählte Übernahmen von Web 2.0-Plattformen

(Eigene Darstellung basierend auf Unternehmenswebseiten)

Rang	Marke	Firma	Branche	Webseite	Blog	Soziales Netzwerk/ Online Community	Video-/ Foto-Plattform	Wiki	Podcast	Virtuelle Welt/ Online-Spiel
1	Coca-Cola	Coca-Cola	Getränke	www.coca-cola.com	++	++	++	--	++	++
2	Microsoft	Microsoft	Computer Software	www.microsoft.com	++	++	++	++	++	--
3	IBM	IBM	Computer Services	www.ibm.com	++	++	++	++	++	++
4	GE	GE	verschiedenes	www.ge.com	++	--	++	--	++	++
5	Nokia	Nokia	Consumer Electronics	www.nokia.com	++	--	++	++	++	++
6	Toyota	Toyota	Automotive	www.toyota.com	++	++	++	--	++	++
7	Intel	Intel	Computer Hardware	www.intel.com	++	--	--	--	++	++
8	McDonald's	McDonald's	Gastro	www.mcdonalds.com	++	--	++	--	++	++
9	Disney	The Walt Disney	Media	www.disney.com	++	++	++	--	++	++
10	Mercedes Benz	Daimler	Automotive	www.mercedes-benz.de	++	--	++	--	++	++
11	Citi	Citigroup	Financial Services	www.citi.com	--	--	--	--	--	--
12	Hewlett-Packard	Hewlett-Packard	Computer Hardware	www.hp.com	++	--	++	--	++	++
13	BMW	BMW	Automotive	www.bmwgroup.com	++	++	++	--	++	++
14	Marlboro	Altria Group	Tabak		--	--	--	--	--	--
15	American Express	American Express	Financial Services	www.american express.com	--	++	++	--	++	++
16	Gillette	P&G	Personal Care	www.gillette.com	--	--	++	--	++	--
17	Louis Vuitton	LVMH	Luxury	www.louisvuitton.com	--	--	++	--	++	--
18	Cisco	Cisco Systems	Computer Services	www.cisco.com	++	++	++	--	++	++
19	Honda	Honda	Automotive	www.honda.com	--	--	++	--	++	++
20	Google	Google	Internet Services	google.com	++	++	++	--	++	--
21	Samsung	Samsung Group	Consumer Electronics	www.samsung.com	--	++	++	--	++	++
22	Merrill Lynch	Merrill Lynch & Co	Financial Services	www.ml.com	--	--	--	--	++	--
23	HSBC	HSBC	Financial Services	www.hsbc.com	++	++	++	--	++	--
24	Nescafé	Nestlé	Getränke	www.nescafe.com	--	--	++	--	--	--
25	Sony	Sony	Consumer Electronics	www.sony.net	++	++	++	--	++	++
26	Pepsi	PepsiCo	Getränke	www.pepsi.com	--	--	++	--	--	++
27	Oracle	Oracle	Computer Software	www.oracle.com	++	++	++	++	++	--
28	UPS	UPS	Transportation	www.ups.com	--	--	++	--	++	--
29	Nike	Nike	Sporting Goods	www.nike.com	++	++	++	--	++	++
30	Budweiser	Anheuser-Busch	Alcohol	www.budweiser.com	--	--	++	--	++	++
31	Dell	Dell	Computer Hardware	dell.com	++	++	++	++	++	++
32	JP Morgan	JP Morgan Chase & Co	Financial Services	www.jpmorganchase.com	++	--	--	--	++	--
33	Apple	Apple	Computer Hardware	www.apple.com	--	--	--	--	++	--
34	SAP	SAP	Computer Software	www.sap.de	++	++	++	++	++	++
35	Goldman Sachs	Goldman Sachs Group	Financial Services	www.gs.com	--	--	--	--	--	--
36	Canon	Canon	Computer Hardware	www.canon.com	--	--	--	--	--	--
37	Morgan Stanley	Morgan Stanley	Financial Services	www.ms.com	--	--	--	--	++	--
38	IKEA	IKEA	Home Furnishing	www.ikea.com	--	--	--	--	++	--
39	UBS	UBS	Financial Services	www.ubs.com	--	--	--	--	++	--
40	Kellogg's	Kellogg	Food	www.kellogg company.com	--	--	--	--	--	--

Rang	Marke	Firma	Branche	Webseite	Blog	Soziales Netzwerk/ Online Community	Video-/ Foto-Plattform	Wiki	Podcast	Virtuelle Welt/ Online-Spiel
41	Ford	Ford	Automotive	www.ford.com	++	--	--	--	++	--
42	Philips	Royal Philips Electronics	verschiedenes	www.philips.com	++	++	++	--	++	++
43	Siemens	Siemens	verschiedenes	www.siemens.com	++	++	++	--	++	++
44	Nintendo	Nintendo	Consumer Electronics	www.nintendo.com	++	++	++	--	++	--
45	Harley-Davidson	Harley-Davidson	Automotive	harley-davidson.com	--	++	++	--	++	--
46	Gucci	PPR	Luxury	www.gucci.com	--	--	++	--	++	--
47	AIG	AIG	Financial Services	www.aig.com	--	--	--	--	--	--
48	eBay	eBay	Internet Services	www.ebay.com	++	++	++	++	++	--
49	AXA	AXA	Financial Services	www.axa.com	--	--	--	--	++	--
50	Accenture	Accenture	Computer Services	www.accenture.com	++	++	++	--	++	++
51	L'Oreal	L'Oréal	Personal Care	www.loreal.com	--	++	++	--	++	++
52	MTV	MTV Networks/ Viacom	Media	www.mtv.com	++	++	++	--	++	++
53	Heinz	H. J. Heinz	Food	www.heinz.com	++	--	++	--	--	--
54	Volkswagen	Volkswagen	Automotive	www.volkswagen.de	++	++	++	--	++	--
55	Yahoo	Yahoo!	Internet Services	yahoo.com	++	++	++	--	++	--
56	Xerox	Xerox	Computer Hardware	www.xerox.com	++	++	++	--	++	++
57	Colgate	Colgate-Palmolive	Personal Care	www.colgate.com	--	--	++	--	++	++
58	Chanel	Chanel	Luxury	www.chanel.com	--	--	--	--	++	--
59	Wrigley	Wrigley	Food	www.wrigley.com	--	++	--	--	--	++
60	KFC	Yum!Brands	Gastro	www.kfc.com	--	--	++	--	--	--
61	GAP	Gap	Apparel	gapinc.com	--	--	--	--	--	--
62	Amazon	amazon.com	Internet Services	amazon.com	++	++	--	--	++	++
63	Nestlé	Nestlé	Food	www.nestle.com	++	++	++	--	++	++
64	Zara	Inditex	Apparel	www.zara.com	--	--	--	--	--	--
65	Avon	Avon Products	Personal Care	www.avoncompany.com	--	--	--	--	--	--
66	Caterpillar	Caterpillar	verschiedenes	www.cat.com	--	--	--	--	--	--
67	Danone	Danone	Food	www.danone.fr	--	--	--	--	++	--
68	Audi	Volkswagen	Automotive	www.audi.de	--	++	++	--	++	++
69	Adidas	adidas Group	Sporting Goods	www.adidas-group.com	--	++	++	--	++	++
70	Kleenex	Kimberly Clark	Personal Care	www.kleenex.com	++	++	++	--	--	--
71	Rolex	Rolex	Luxury	www.rolex.com	--	--	--	--	--	--
72	Hyundai	Hyundai	Automotive	www.hyundaicorp.com	--	--	++	--	--	--
73	Hermès	Hermès	Luxury	www.hermes.com	--	--	--	--	++	--
74	Pizza Hut	Yum!Brands	Gastro	www.pizzahut.com	--	++	++	--	--	--
75	Porsche	Porsche	Automotive	www.porsche.de	--	--	--	--	++	--
76	Reuters	Reuters	Media	www.reuters.com	++	++	++	--	++	++
77	Motorola	Motorola	Consumer Electronics	www.motorola.com	++	++	--	--	++	--
78	Panasonic	Matsushita Electric Industrial	Consumer Electronics	www.panasonic.com	++	--	++	--	++	--
79	Tiffany & Co	Tiffany & Co	Luxury	www.tiffany.com	--	--	--	--	--	--
80	Allianz	Allianz Group	Financial Services	www.allianz.com	--	--	--	--	++	--
81	ING	ING Groep	Financial Services	www.ing.com	++	--	--	--	++	++
82	Kodak	Eastman Kodak	Consumer Electronics	www.kodak.com	++	++	--	--	++	--
83	Cartier	Cartier	Luxury	www.cartier.com	--	--	--	--	--	--
84	BP	BP	Energy	www.bp.com	--	--	--	--	++	++
85	Moët & Chandon	LVMH	Alcohol	www.moet.com	--	--	--	--	--	--
86	Kraft	Kraft Foods	Food	kraft.com	++	++	++	--	++	++
87	Hennessy	LVMH	Alcohol	www.hennessy.com	--	--	--	--	--	--
88	Starbucks	Starbucks	Gastro	www.starbucks.com	++	--	++	--	++	++

Rang	Marke	Firma	Branche	Webseite	Blog	Soziales Netzwerk/ Online Community	Video-/ Foto-Plattform	Wiki	Podcast	Virtuelle Welt/ Online-Spiel
89	Duracell	P&G	Consumer Electronics	www.duracell.com	--	--	++	--	++	++
90	Johnson & Johnson	Johnson & Johnson	Personal Care	www.jnj.com	++	++	++	--	++	--
91	Smirnoff	Diageo	Alcohol	www.smirnoff.com	--	--	++	--	--	--
92	Lexus	Toyota	Automotive	www.lexus.com	++	--	++	--	++	--
93	Shell	Royal Dutch Shell	Energy	www.shell.com	--	--	++	--	++	--
94	Prada	Prada	Luxury	www.prada.com	--	--	--	--	--	--
95	Burberry	Burberry	Luxury	www.burberry.com	--	--	--	--	--	--
96	Nivea	Beiersdorf	Personal Care	www.nivea.de	++	++	++	--	++	--
97	LG	LG Group	Consumer Electronics	www.lg.net	++	++	--	--	++	--
98	Nissan	Renault-Nissan	Automotive	www.nissan-global.com	--	--	++	--	++	++
99	Polo RL	Polo Ralph Lauren	Luxury	www.polo.com	--	--	--	--	++	--
100	Hertz	Hertz	Automotive	www.hertz.com	--	--	--	--	--	--

Tabelle A.2: Web 2.0-Nutzung der Best Global Brands 2007

(Eigene Darstellung basierend auf Internetrecherche im Zeitraum Oktober 2007 – Februar 2008 und Interbrand 2007)